做一个有气质的女子

篱落◎主编

黑龙江科学技术出版社
HEILONGJIANG SCIENCE AND TECHNOLOGY PRESS

图书在版编目（CIP）数据

做一个有气质的女子 / 篱落主编. -- 哈尔滨：黑龙江科学技术出版社, 2020.5
ISBN 978-7-5719-0383-1

Ⅰ. ①做… Ⅱ. ①篱… Ⅲ. ①女性 – 修养 – 通俗读物
Ⅳ. ①B825.5-49

中国版本图书馆CIP数据核字(2020)第018169号

做一个有气质的女子
ZUO YIGE YOU QIZHI DE NÜZI

作　　者　篱　落
策划编辑　沈福威
责任编辑　徐　洋
封面设计　吕佳奇
出　　版　黑龙江科学技术出版社
地　　址　哈尔滨市南岗区公安街70-2号
邮　　编　150007
电　　话　（0451）53642106
传　　真　（0451）53642143
网　　址　www.lkcbs.cn
发　　行　全国新华书店
印　　刷　三河市越阳印务有限公司
开　　本　880 mm × 1230 mm　1/32
印　　张　6
字　　数　150千字
版　　次　2020年5月第1版
印　　次　2020年5月第1次印刷
书　　号　978-7-5719-0383-1
定　　价　36.80元

前言
Preface

如果有人问我，你想成为一个什么样的女人？

“有气质的女人”是我最好的答案。

有气质的女子或知性，或优雅，或自信，或得体，或从容，或亲和，她们从灵魂深处散发出一种香气，似清风予人舒爽，在这世间成为一种超凡脱俗的存在。

宋朝的李清照如此，民国的林徽因如此，当代的董卿亦如此。

可在琐碎生活中奋斗的我们，没有优越的家庭背景，没有耳濡目染的文化熏陶，也没有天生丽质，能否成为有气质的女人呢？

我们也许不漂亮，却也能有独一无二的韵味；

我们也许不富有，却也能有傲视一切的底蕴；

我们也许不强势，却也能有不容忽视的磁场；

我们也许不年轻，却也能有青春无敌的容颜。

因为气质不由长相决定，不和年龄成正比，也与财富无关，它在于个人的修炼。

修炼个人的气质，在于你对生活的爱。生活是一面镜子，你的态度决定了它对你的态度。若是你对生活充满了怨念，在时间的流逝中，生活也会将负能量堆积在你的容颜里；若是你对生活心生热爱，生活会让和煦的阳光成为你容颜的修饰品。带着阳光生活的人，怎么会不散发光芒呢？回想一下你的生活，那些你身边热爱生活的女人，不就是你心中的正能量女神吗？她们的身上似乎有无限的力量，她们的生活似乎有无数的惊喜，她们就是一束亮眼的光！

修炼个人的气质，需要你的积累。气质不会随着年龄的增加而自然生成，它是投射在你容颜里的由内而外的人生每一步的累积。读万卷书的人，气质里自然有书的香气；行万里路的人，气质里透出广阔的见识；阅人无数的人，气质里有一种从容和淡泊。如果你一生行走在一隅之地，守着固有的知识和圈子，言行举止就未免有些浅薄，气质自然也没有吸引力。积累，是气质之源。

修炼个人的气质，离不开你的自律。不自律的人，难以形成良好的形体仪态，没有良好的仪态，你的气质就会褪色。同样，不自律的人不会将好的行为习惯坚持到底，而气质正是长期修炼的产物。自律赢得气质，自律赢得人生。

我想要的气质是扬在脸上的微笑，它能让我身边的人感受到阳光和快乐；我想要的气质是刻在骨子里的坚强，它会让我有勇气挺直腰板面对一切；我想要的气质是植根于心底的善良，它会让我变得越来越平和；我想要的气质是蕴藏在心中的书香，它能让我从容地体验百味人生……

拥有了这一切，我不惧老去，因为有气质做底色，即使老，也有万般旖旎。

无论女性在社会上承担着怎样的角色，身为女子，我们确有诸多不易之处，可天生的细腻情感也让我们对生命的体验更敏感更深刻，这也能让我们的内心越来越丰富，拥有更多提升自我的可能。

“所谓伊人，在水一方”，让气质陪着我们在时光里漫步，使我们成为令人艳羡的女子，成为不败的美人，成为内外兼修的真女神！

目录 *Contents*

第一章　是谁，在酝酿女人的气质

一个女人，从来不是只有脸蛋　002

外表与内在，哪个更重要　005

让你脱颖而出的，是气质　008

气质，长相之外的东西　011

女人的气质有千万种　014

最适合自己的韵致　017

那独属于你的味道　020

由内而外，从漂亮到美丽的升华　023

有了气质，就有了磁场　026

塑造自我，做不一样的自己　029

第二章　气质让你飘散出令人着迷的味道

气质——女人最好的装饰　034
微笑——让气质彰显　036
善良——气质无声的旁白　039
骨气——气质最好的名片　042
坚强，成就自己的独一无二　045
出尘与脱俗是难忘的醉人风景　048
不论年龄，因气质而与众不同　051
无畏年华，用气质点缀千般旖旎　054
气质使女人向女神进化　057

第三章　做个灵魂有香气的女子

书香——岁月从不败美人　062
得体——一言一行知进退　065
知性——温文尔雅慧如兰　068
亲和——一抹云霞笑春风　072
自信——纷纷好似艳阳天　075
优雅——自有清水出芙蓉　078
从容——宁静宽和以致远　082
善良——予人玫瑰，手有余香　085
气质——给自己化一个最美的妆　089

第四章　飘落到世间的天使

美丽的心，美丽的世界　094
我见过的最有气质的女人　096
你温柔的样子真的很美　099
气息里透着整洁的人　104
精致的生活是对自己负责　108
活成自己想要的样子　112
即使环境不理想，也不去凑合　116

第五章　做个不断雕琢自己的女子

善于发现自己的不足　122
气质是一件大事　125
不艳羡别人，不贬低自己　128
重视修饰，每一天都容光焕发　131
让衣品好起来　134
良好的形体仪态，赋予你仙气　136
多读书，腹有诗书气自华　139
自尊自爱，赢得他人的爱　142
独树一帜，成就不一样的人生　145
做个内外兼修的女子　148

第六章　与时光漫步的灵魂

美妙的缘分，始于好的气质　152

三分长相七分态　155

来自灵魂的香气，如兰之芬芳　158

化繁为简，专注于自身　161

自然而坦荡，通透而纯粹　164

活出自我，才能拥有幸福　167

追寻想要的爱情　170

那些超越美貌的存在　173

修身修心，修出独立的姿态　176

时光不老，气质日趋完美　179

第一章

是谁，在酝酿女人的气质

举手投足之间的一份淡然，胜过万千纷繁。气质，这刻在骨子里的美丽，宛然成了生活的一部分，它并不是能够表演出来的，却无时无刻不散发着清香；它是不张扬的，却是永恒的！但是，是谁，在酝酿女人的气质？

一个女人，从来不是只有脸蛋

有人说，这是一个看脸的时代。

为了这张脸，有人不惜一切代价去整容，有人暗自神伤，有人将所有的时间和心思都放在打扮上，有人埋怨父母没给自己好基因。这确实是一个注重颜值的时代，可看完颜值之后，你还剩下什么值得他人留恋的呢？毕竟，你的颜值终究会成为过往！

而那些只看重女人颜值的人，你是和她的颜值交朋友，还是和她的人交朋友？你了解颜值背后的她吗？如果她的颜值背后一无所有，你还会这样选择吗？

看一个女人，从来都不应只看她的脸蛋。

有些女人拥有天使般的面容，可相处之后却发现她毫无内在。就如男人被女人漂亮外表的吸引，选择她作为终身伴侣是常有的事，可日子久了，才发现漂亮的只是外表而已，娶到家的这个女人只能当作“花瓶”供起来。她既不愿意做家务，也不愿意上班，只愿意花时间打扮和保养自己，把“你负责赚钱养家，我负责貌美如花”这句话发挥到了极致。这样的女人，男人怕是爱不了多久吧！

这倒也算了，有些女人还一天一小闹，三天一大闹，假如因为某些事情没有顾及她的感受，她就会说“凭什么要我来照顾你的爸妈”“为什么还要求我有上进心”等。

这些男人在做选择的时候，可能没有深刻地认识到一个女人除了颜值，还有更重要的东西。娶一个漂亮的女人回家，这个漂亮的女人一定善良吗？一定勤劳吗？一定好学吗？一定孝顺吗？男人透过她们精致的外表能够看到这些吗？如果要和一个女人过一辈子，那么漂亮背后的东西，他们也不会忽视。

有些女人明明很有实力，却被颜值掩盖了。社会上也不乏“漂亮的女人就是花瓶”之类的言论，于是一部分人就有了这样的偏见。用人单位不敢录用太漂亮的女孩，总认为她们没有把时间用在提升自己的能力上，她们倚仗的只是姿色；有些男人不愿娶漂亮的女孩，认为这样的女孩不会贤惠；有一部分人不想和过于漂亮的女孩做朋友，不仅是怕她们抢自己的风头，还认为她们太有心计。是谁给漂亮的女孩“判刑”的呢？她们就不能有才华，就不能贤惠，就不能真诚善良了吗？

以一个女人的颜值来判定她，这于她于你都是件不公平的事。我们需要透过那张脸且经过一段时间来了解这个人。当然，想通过这样的方式了解一个高颜值的女人，需要忽视其颜值，而将重心放在对其内在的了解上。

我和几个朋友相约到一个刚从国外回来的老友家中做客。她是一个有高学历和很高艺术素养的女人，我们已经多年未见了。刚进门，前来迎接我们的是她的小女儿。这个女孩的相貌着实超过了她爸妈，我们纷纷夸赞起来，诸如“这孩子长得真好”“是个美女啊”“好漂亮”等。没想到，老友直接从厨房里出来制止我们：“快别夸了，长得好看的人多了去了，我更希望听到有人夸她有气质，或者是有礼貌、笑容甜都行，这才是她的优势。”说完，她还朝女儿抛了个媚眼，反问她：“是吧，小女神？”女孩似乎心领神会，回了她一个媚眼，道：“母亲大人，小女子明白。”

漂亮可以是一个女孩的资本，但并不见得一定能成为她的资本。有些女孩仗着天生的长相优势，企图靠美貌吃饭，完全不在意后天的努力，结果得不偿失。这个妈妈确实是有远见的，有意识地引导女儿淡化相貌的优势，而注重气质的培养。

这种培养方式下成长起来的高颜值的女孩，在长大以后，才是真正有颜值、有才学、有品位的人，也才能印证“看一个女人，不能只看她的脸蛋”这句话。

外表与内在，哪个更重要

契诃夫曾说：“人应当一切都美，外貌、衣裳、灵魂、思想。”

的确，这些都是一个人的资本，如果能兼而有之，这个人必定拥有无限的魅力。可是，有时候外表与内在，人们往往只注重其一。在看重外表的人看来，拥有出众的外表就是最大的资本；对注重内在的人而言，没有真才实学，那些外表不过是一个空壳子。外表与内在，这两者究竟谁比谁更重要呢？

阿姐分享了一个关于她的人生故事。年轻时候的阿姐，不仅能用漂亮来形容，那时候的她还有一种出尘脱俗的明星味道，在人群中显得非常耀眼。正是因为这样，追求她的男人络绎不绝。众多的男人围着她并追求她，让阿姐乐在其中，几乎把所有的时间都用在了打扮这件事上，只有这样，她才能留住这些追求者。

阿姐曾以为靠着自己的年轻漂亮，找个有钱的人成为阔太太是绝对可行的，所以她的男朋友一定得是有钱并且舍得为她花钱的。这些男人也觉得带着一个这么高颜值的女朋友在身边，肯定很有脸面。于是，一个愿打，一个愿挨。阿姐就这样一边挑着，一边混着，到了三十岁，阿姐忽然因为添了细纹，对自己的容颜有了危机感，终于决定嫁人了！

然而那些围绕在她身边的追求者不是已经结婚，就是在追求更年轻的女孩。阿姐在那一瞬间意识到，漂亮不过是年轻时候的资本，不是能依傍一生的东西。此时的她除了正在消逝的漂亮，其他一无所有，她这才开始思考她的一生究竟该怎么度过，她这才终于懂得放下自己引以为傲的颜值，凭本事过自己的人生。

她找了一份并不是那么高大上的工作，一切从基层做起，踏踏实实上班，从一点一滴中重新培养自己的能力，积累知识和经验。在这样脚踏实地的日子里，她也遇到了一份平平淡淡的感情。几年以后，阿姐在单位里站稳了脚跟，并一步步地升职加薪。她虽然皱纹越来越多，甚至还增添了白发，身形也因为生孩子而有所变化，可她身上却散发出一种从容和不惧生活的底气。

如今的阿姐，对事业和家庭都充满自信，并在其中享受着。她依然那么美，只是比起从前的美而言，更别有一番味道，或许是人生历练赐予她的礼物吧。

谁不想有漂亮的外表呢？它的确能吸引更多的目光，它的确能给人一种赏心悦目的感觉，有时它甚至能带你走向成功的捷径。可是，无论年轻的时候你的皮囊多么漂亮，它也会在岁月里逐渐消逝。当你满脸皱纹的时候，你还拿什么来吸引他人的目光，或是给人一种舒服的感觉呢？

阿姐靠着自立自强重新找回了人生的姿态，像阿姐曾经那般靠脸过日子的你，还会继续陷在青春的容颜里“舒服”地享受下去吗？

无论用怎样的整容术或保养法，容颜都终将老去。然而，你的内在所展现出来的魅力，在岁月的洗礼下会越发闪光。只有丰富的内在和有趣的灵魂，才会让你老去的容颜依然具有魅力！无可否认，高颜值是一个人的资本，只是如果你紧盯着你的颜值，而忘了前方的路，就会美在人生的“半途”。

如果你拥有高颜值，这是你的幸运；如果你没有高颜值，也不是你的不幸，内在会为你的人生增添无限的精彩。

外表和内在都不可忽视，只有内外兼修才是长久之道！

让你脱颖而出的，是气质

不知道大家有没有和我一样的体验：

在夏日里，清一色的T恤和短裤、短裙的穿搭，或者连衣裙的穿搭中，我们总是能一眼注意到某一个女生与其他人不一样；

在图书馆里，同样坐着阅读的女孩中，总会有一个女孩在阳光下显得那样文艺；

在运动场上，众多苗条的女孩里，总有一个女孩比其他女孩更有活力；

…………

同样的场景，同样的穿着，同样的漂亮，可有一个人却能成为你眼中与众不同的存在，而吸引你的，就是她身上那种独一无二的气质。

这气质和金钱、地位、年龄没有关系，它是一个人自我魅力的呈现。

有些人身处所谓的社会顶端，依然俗不可耐；而有些人即使从事并不光鲜的工作，穿着朴素的服装，仍能气质不凡，成为人群中最吸引人目光的那一个。

公司的清洁阿姨刘姐已经五十多岁了，可看上去依然很有气质。

最初不认识她的时候，我曾一度将她当成公司的高层领导，直到正好碰上她在打扫卫生，我才清楚了她的工作岗位。从我认识刘姐起，就注意到她走路永远都是笔挺的姿势，比我们这些人挺拔多了，加之她身材高挑，如果说她是练舞蹈出身的，大多数人都会相信。我碰到过她很多次，她的衣服虽然朴素，但都是熨烫过的。碰面的次数多了之后，刘姐会主动和我们打招呼，她从不刻意地拉近距离，有时是浅浅一笑，有时是简单的日常问候，但丝毫没有显示出她的怯意，反而比我们更大方。偶尔，在厕所或是垃圾桶旁边遇上正在打扫的她，她并没有表现出慌乱或尴尬，依然保持着不紧不慢的速度清理，然后朝我们轻轻一笑。

我们一众同事都打心底里尊重她，像她这样能够把打扫的工作做得这么高级，实在令人刮目相看。也许是没有见过这样的清洁阿姨，我们就对她的生活多了一些好奇。刘姐唯一的女儿已经成家了，她在退休之后找了份清洁工作。这工作不过是她生活中很小的一部分，下班以后她会去练书法和健身，假期的时候也会外出旅行。有的人会认为，做清洁工作就代表着没有高雅的生活，可刘姐却从不这样认为。

这样的阿姨实在太有魅力了！无论你把她放在什么位置，给她穿多么不显眼的衣服，你都无法阻挡她身上那股正气、骨气和对生活的热爱。有了这些，何愁会被埋没在生活里呢？她已经有了抵抗一切的气质！

有的人以为脱颖而出需要华丽的装扮，有的人以怪异的性格独成一派，有的人靠着出风头拔得头筹……这些都是外在的出众，并不是从心而发的，也得不到他人的共鸣。赢一时之关注，却不是生活里的永恒。

真正让人脱颖而出的是举手投足间的气质，它已然成为一个人生活的一部分，化为他身体里的一部分，并不需要刻意为之或高调地展示。它就在那里，不言不语，却能让众人看见和听见；它是平平淡淡的，也是永恒的！

有时候脱颖而出并不需要你做什么，或许只是来源于你通过每一天培养出的气质。

气质，长相之外的东西

长期以来，我们被灌输“不要以貌取人”的理念，这也是一个人的基本素养。

因为一个容貌极平常的人，也可能是一个实力非凡的人，况且一个人的容貌并非由他自己决定的，没有理由因容貌平常而被人轻视。

但是，当我们不以貌取人的时候，别人却在以貌取我们。

这个“貌”指的是我们由内而外散发的气质。人们不会因为我们的长相而否认我们，但是却会因为气质而判定我们的基本素养及生活水平、知识水平等，从而决定他们对我们的态度。气质，是长相以外的东西，甚至比长相更重要。

这就是有些女生长相并不出众，却依然有无限魅力的重要原因。

服装是气质的一种外在体现。一个女孩子可以不穿高档或贵气的衣服，但她的服装必须精致或者在特定的场合能穿着得体。

比如，参加面试的时候，用一套特定的服装来体现职业素养，你的着装就是面试官判定你专业与否的第一印象，他们也会以此来形成一个基本的评判，以决定是否与你进行下一步的交流。比如，人的穿着能体现出其从事的职业，空姐的空乘服、军人的军服、警察的警服……这样的职业着装就是一种外在的气质。

设身处地地想一想，穿着专业服装的人和穿着随性的人站在同一个岗位上，谁会更吸引你的眼球呢？答案肯定是穿着专业服装的人，这大约就是专业范儿给人的视觉享受。

在服装上获得良好的第一印象之后，能不能给对方留下印象，靠的就是内在。同样以面试为例，如果你以得体的服装成功地吸引了面试官的注意，但是却不能解决专业性的问题，没有展现出你的专业知识或者是某种特定的能力，那第一印象随即就会消失，最终也会面临淘汰。

同理，一个身着专业制服的人有着外在的魅力，可如果工作起来毫无专业性，只会让制服本身的魅力褪色，即使外在再有吸引力，也会大打折扣。

生活中这样的体验应该不少，一个专业能力强的人在我们的眼中常常是发着光的：一个空姐以一曲动听的歌曲化解了旅客等待出发的焦虑；一个策划者三下五除二就把一个活动安排到位；一个老师能把一堂课讲到所有人都被吸引……那时候的我们早已

“沦陷”在他的能力之中，哪还会在意她的长相呢。

我在住院的时候，看到病房里有几个护士，有长得出众的，也有长得一般的，其中有一个长相并不出众的护士格外受病人喜欢，被称为“仙女姐姐”。她出现在病房的时候始终是一脸亲切的微笑，对每一个病人嘘寒问暖，并且以极其温柔的语气耐心地解答病人的疑问。

我记得那时候我喜欢看书，她隔一段时间就会带一本她爱看的书来分享；病房里有一个老奶奶是由她看护的，她有空的时候就会过来陪老奶奶聊天……她在的时候，病房里仿佛都是阳光的味道。有的护士无论什么时候都阴沉着脸，回答问题像是欠着她几百万似的没好气，这样的护士即使再美，在病房也是不受待见的。这就是性格带给人的魅力，好的性格也能为一个人的气质增色。

一个人除了长相，仍有诸多影响魅力的因素，其中最重要的就是气质。着装固然可以影响气质，但最终决定气质的是内在，比如专业性、能力、性格等。长相不出众的你，依然能凭气质显示出一枝独秀之姿。

女人的气质有千万种

世界上没有相同的两片叶子，更不会有相同的两个人。每个人的性格都有差异，成长环境也不尽相同，所经历的事情更不一样，其气质也就千差万别。女人的气质就如同这世间的花，品种繁多，各有其美。

有些女人的气质就如同牡丹，花开富贵，显示出一种高山仰止的神韵。

有些女人的气质则似玫瑰，花开艳丽，有一种令人迷醉的妩媚。

还有的女人就像百合一般，静静地绽放，散发出一种沁人心脾的清香。

当然，也有像向日葵般热情奔放的女人、娇羞如栀子花般的女人、冷艳如罂粟般的女人。女人的气质就如同花的种类，何其多，何其有特性。花儿们或贵或慧，或魅或雅，或酷或俏，无论属于哪一种，都有它们独有的韵味。

《红楼梦》中最有名的女子被称为“金陵十二钗”，如“气质美如兰，才华馥比仙”的妙玉；“粉面含春威不露，丹唇未启笑先闻”的熙凤；“心较比干多一窍，病如西子胜三分”的黛玉；“生得肌骨莹润，举止娴雅”的宝钗……每一个女子都很美，可都美出了不一样的韵味。妙玉的美如兰花般脱俗，熙凤的美中有一种威严，黛玉的美中有一份愁绪，而宝钗的美则透露着一种娴雅……看完这些女子，你就会明白，原来这世间女子的美各不相同，却又这般相似。相似的是一举手、一投足、一张口都会从骨子里散发出来魅力，不同的是每个人都有不同于他人的魅力。

而你属于哪一种气质呢？

回想我身边的女性，那些有气质的女子确实各有各的特点。

栗子姐常常剪着利落的短发，她喜欢化稍浓的妆，穿高跟鞋，衣服多是小西服、套装之类的，一眼望过去就是“御姐”的模样。在工作场上，她雷厉风行，做事从不拖泥带水，也不会轻易示弱，能和男人争江山，因而也在行业中占有一席之地。在她的面前，你不会联想到“怜香惜玉”这四个字，可是这样的女人气场足够强大，让你从心底佩服，她属于智慧与美貌并存型的。

丽丽长发披肩，喜欢化淡妆、穿连衣裙、背布包，走在人群中回头率极高。平日里，她爱读书、爱练字、爱弹琴、爱写文章。她在 C 城有一家属于自己的琴行，闲暇的时候就会约上三五好友在琴行小聚，偶尔举行一个内部的小型音乐会。她的个性签名就是“你的气质里藏着你走过的路、读过的书、爱过的人”。这样的女人温婉、文艺，举止言行之间总有一种淡淡的温柔。

当然也不乏像桃子这样贤惠的。美食样样拿手，家中养了一阳台的花，什么东西到她手里都是精制品，就连孩子的一些衣服都是由她手工制作的。这样的女人散发着一种天然的爱，让人靠近她就会有一种幸福感洋溢在心里。

每一种气质都有一种独特的吸引力，不需要想方设法成为谁的样子，温婉有温婉的美，御姐有御姐的范儿，俏皮有俏皮的灵，恬淡有恬淡的雅……没有哪一种气质比另一种气质高一等，或者你可以时而这般，时而那般。不过，并不需要因为没有哪一种气质而感到自卑，拥有一种独有的气质就足以让你拥有光芒。

你只需要了解自己，挖掘出属于你的气质，自然能让你美丽长驻！

最适合自己的韵致

姥姥家有一片油菜地，每年春天开出的花都会吸引很多人前来拍照。与其他土地不同的是，这里的油菜花开得极为旺盛。为了让自家的油菜花也有这样的景致，不少人精心选择肥沃的土地，结果却是大量减产。听姥姥说，相对贫瘠的土地才有利于油菜花生长，越是肥沃的土地油菜花反而越长不好。于是，每年农闲的时候，这里贫瘠的土地都被种上了油菜花，成了整个村子的观光点。当多数土地都在向往肥沃的时候，有些土地却以它的贫瘠发挥出了它独特的价值而深受人们的厚爱。

其实，这土地有时就如同人一般，不是每块土地都是肥沃的，就像不是每个人都想成为万众瞩目的那一个，或者是人人引以为傲的那一个。只要找到属于自己的那一份韵致，你也能在你的土地上尽情地绽放你的花，开出一片灿烂！

所以，即使你不是人群中最漂亮的那一个，也无须自怨自艾。因为在你的身上，一定有比漂亮更吸引人的韵致。你只需要找到它，并让它发挥光亮，这样的你就是独一无二的那个你，终将拥有属于你的幸福；而若是你执意成为你所羡慕的他人的模样，或是因为别人拥有你未曾有的东西而郁郁寡欢，最终将得不偿失。

读《简·爱》的时候，我便对女主人公简·爱情有独钟。这个女孩没有富裕的家庭，出生在穷困的牧师家里，很早就父母双亡，寄居在舅父家中。简·爱在这里度过了十年备受歧视和虐待的日子，直到舅父去世之后，她因和舅妈产生矛盾而被送到了孤儿院。之后的日子，简·爱依然生活在苦海之中，在肉体和精神上饱受摧残。

可以说，从小到大，简·爱都生活在权贵，甚至亲人的蔑视中，受尽了不公正的待遇。可是，她并没有因此而自卑或是沉沦，而是有着一种不可战胜的内在力量。生活越是折磨她，她就越要迎着苦难活出属于她的尊严。

她找到了一份家庭教师的工作，在这里遇到了她的爱情。一个是家庭教师，一个是身份尊贵的贵族，两人的地位相差悬殊。

可在面对爱情之时，简·爱坚定地认为爱情应该是建立在彼此的精神平等之上的，而不应该由财富、地位、外貌等因素决定，因此，她不会因为自己家庭教师的身份而放弃对幸福的追求。正是这自尊自爱和独立自主的魅力，让男主人无法自拔地爱上了她。两人在几经波折之后，终于走到了一起，简·爱获得了属于自己的幸福。

这本书的作者夏洛蒂·勃朗特的经历和简·爱的经历有着相似之处。夏洛蒂·勃朗特也出生在贫苦的牧师家庭，过着艰苦的生活，后因长篇小说《简·爱》而轰动文坛。从此以后，她靠着个人的创作才华和作品而改变了生命的轨迹。

生活对简·爱和夏洛蒂·勃朗特都不是公平的，她们没有耀眼的家庭背景，没有出众的外貌，可是她们找到了自己的定位，活出了她们的韵致，以自尊自爱和独立自主赢得了世界性的尊重，也找到了属于她们的幸福。

无论生活怎样对待我们，都不能使我们放弃对生活的热情和对幸福的追求。每个人都有自己的魅力，只要我们活出自己的那份韵致，那么生命中所有的美丽都会成为日常生活中一种自然随性的流露，一切美好将如约而至！

愿我们不自卑，不将自己复制成他人的模样，我就是我，做颜色不一样的我，才是真正的悦己！

那独属于你的味道

羽西是国际化妆品牌，其创始人曾说：“气质与修养不是名人的专利，它是属于每一个人的。气质和修养也不是与金钱、权势联系在一起的，无论你是何种职业，何种年龄，哪怕你是这个社会中最普通的一员，你也可以有你独特的气质和修养。”这话引起了很多人的共鸣。

金钱和权势买来的是一种外在的物质荣光，一个人被人记住的终究不是他的金钱和权势，而是人格魅力，这种魅力隐藏在气质和修养中。作为一名普通人，我们需要寻找到个人的精准定位，才能打造出这样的味道来。

阿甘是一个家境普通、相貌也平平的女生。她自知想改变个人的命运，只有走“内秀型”这条路线，于是她将大部分精力用在了个人能力的提升上。读书时期，她比任何人都努力，靠着超级学霸的学习能力，成为老师和同学们眼中的焦点人物。若仅是学习好，还不足以吸引众人。阿甘明白一个女孩性格的重要性，于是在心底植下了善解人意的种子，那时的她是全班最受欢迎的成绩好、性格好的女生。

工作之后，阿甘有了一定的经济能力。除了依然保持着很强的工作能力——这在阿甘看来是安身立命之本，她还会学习一些艺术知识来提升自己的品位。在提升自己内在的同时，她也走起了形象路线，从青春活泼的穿衣风格逐渐向轻熟女的风格转变，并注重身材管理，慢慢培养自己的女人味。“到了怎样的年龄，就有怎样的味道”，这是阿甘奉行的原则。如今，内外兼修的她已经成为真正的人生赢家，不仅事业有成，在生活中也受到他人的尊重，有了一份属于自己的真挚的爱情。

原本是一只不起眼的“丑小鸭”，却靠着对自己人生一步一步的定位，成为“白天鹅”般的人物。人生最失败的不是低起点，而是在生活中随遇而安，不清楚未来的方向。你是谁，你想成为谁，是人生最重要的命题之一。

雄鹰和野狼之所以能称雄，是因为它们从一生下来就有着自身的使命，被贴上了这样的标签，它们注定要翱翔蓝天并驰骋在大地上。可是，一只雄鹰如果在鸡窝里长大，久而久之，它就会忘记自身飞行的本领，而失去翱翔蓝天的机会；一头野狼若是在羊群里成长，也会慢慢失去身上的狼性，变成一只“披着狼皮的羊”。身处在一个与自己的气场不符的环境之中，它们会慢慢模糊自己的定位，忘记了身份而随遇而安。

同样，一个人再强大，如果没有属于自己的精准定位，并且朝着这个方向努力，她的成长轨迹就会在环境中慢慢改变，最终“泯然众人矣”。

你想成为鹰，你就把自己定位成鹰，活出鹰的勇敢和霸气；

你想成为狼，你就把自己定位成狼，培养出狼的野性和魄力；

你想成为一株草，你就把自己定位成草，活出草的默默无闻和坚韧；

你若是想做一朵花，你就把自己定位成花，绽放出你的香气；

…………

你的定位决定了你未来的样子，也是你人生散发出来的味道。不管你现在处于什么位置，不管你过去是谁，给你的人生一个精准的定位，规划好你的时间，让你的人生多一些自律，在当下播种，才能在未来收获不一样的人生。

由内而外，从漂亮到美丽的升华

长期以来，我并不是很欣赏“土豪”这个词。或许是我个人的偏见，在我的理解中，它似乎是指仅有钱而毫无气质和品位的那一类人。其实，它也折射出一个现象：一个人的气质和品位并不是穿金戴银和打扮时尚或者用一些艺术做包装就能展现出来的。它需要长时间修炼，是从内而外散发出的魅力。

正如有外在美的人能用漂亮来形容，但谈不上美丽——漂亮仅是一种视觉上的感觉，它用来判断的是一个人看起来的样子；而美丽则是漂亮的升级版，可以指一个人的外在，也能指一个人内在的东西。“土豪”之类的形象在我看来，或许顶多到达漂亮的级别，但绝不会成为美丽。

一个人只有由内而外都散发出魅力，才能实现从漂亮到美丽的升华。

瓶盖是初中时候的班花，颇有几分校园女神的味道。那时候，班上就有好几个男生给她写情书，中午有人给她打饭，放学的时候也有人给她拎书包。可能是陷入了这种被人追捧的自得之中，瓶盖花在学习上的心思越来越少，而把更多的心思花在穿衣打扮以及和男生打打闹闹上，结果学习成绩一塌糊涂。

初中毕业之后，她在一家美容美发店做了学徒，就这样混混日子，拿份工资。身边围着的也是在这个圈子里混的一些初中毕业或没毕业的男生。

某次同学聚会，同学们谈起各自的现状，瓶盖一下就沉默了。她忽然发现自己的日子等同于理发店的日日夜夜，除了安逸，再无其他故事可以分享。除了吃喝玩乐，生活于她已经没有了任何波澜。而她的同学，不仅在事业上实现了个人的价值，还能拥有“诗和远方”，这是瓶盖从来不曾想过和经历过的。看着初中时那些毫不起眼的女同学都以一种自信的姿态出现在她的眼前，并且成为圈子里的中心人物，瓶盖意识到自己的人生已经输了。她本来有着天生的优势，结果却反而成为放弃努力的借口，而别人用后天的努力弥补了天生的劣势，从而成为人生赢家。

在这之后的一段时间里，瓶盖重新思考了自己的人生，决心读护士学校，找到新的人生。本来就聪慧的她，有了努力做底色，结果自然如愿以偿。在护士学校，瓶盖一改读书时期的懒散和贪玩的心态，一心花在提升专业能力上，因此成为同学中的佼佼者。这一次，她靠专业成为被人关注的焦点。一个漂亮、专业能力强、服务态度好的护士在医院里深受广大患者的欢迎，瓶盖很快成为这家医院的护士长。随着工作状态越来越好，瓶盖必须不停地提升自身能力，才能不落后，这也鞭策着她不断进步。

如今的瓶盖不会在聚会上感到自卑，而是有了一种由内而外的自信。同学们给这位曾经的班花取了个“班花护士”的称号，这个称呼比“班花”增加了分量，是源于对她工作的认真和专业而给予的称赞。

瓶盖不是花瓶，是花瓶里那散发着清香的花朵。

如果让我来形容，曾经的瓶盖是漂亮，如今的瓶盖是美丽。

漂亮的人能得到人们言语上的赞美，而美丽的人能得到人们内心的尊重。从漂亮到美丽，必须经由从外到内这一层的提升，才会让整个人与众不同。

如果你漂亮，那是你的幸运，但愿在漂亮之余能增添一份美丽，你会更有魅力；如果你不够漂亮，那就让自己足够美丽，你会比漂亮更有魅力。

有了气质，就有了磁场

磁场，从物理概念而言，是一种看不见、摸不着的特殊物质，是指具有巨大吸引力的场所。

“你若盛开，蝴蝶自来；你若精彩，天自安排”，每个人也都有属于自己的磁场，它虽然看不见，但有着无形的力量，能影响一个人的人生。好的磁场能吸引他人不断地靠近，而坏的磁场也会让别人拒你于千里之外。

一个人磁场的形成，与他的人生观、价值观、生活习惯、生活环境等息息相关，它蕴藏在一个人的气质之中。有气质的女人不需要刻意做什么，甚至不靠惊艳的美貌、性感的衣服，或是浓艳的妆容，也能有独一无二的磁场，成为圈子的中心。

“回眸一笑百媚生，六宫粉黛无颜色”是杨贵妃的贵气磁场，“粉面含春威不露，丹唇未启笑先闻”是王熙凤作为当家人的威严磁场，“心较比干多一窍，病如西子胜三分”是林黛玉多愁善感的磁场……不同的女人，有不同的磁场，可无论是哪一种磁场，这磁场都有着相当的吸引力。

这些人甚至不需要任何言语，我们就能从她们的气质中判断出她们是怎样的一种人，这就是气质之于一个人的重要性。

陈姐是一个不爱在工作场上“拉帮结派”的人，她不会为了和人处好关系而刻意讨好他人，有时甚至和身边的同事都保持着适度的距离。

可利姐就不一样了，平日里对同事总说一些恭维的话，似乎对每个人都很热情，和每个人的关系都很好。这两个人一个“冷”，一个“热”。可奇怪的是，同事们都打心眼儿里尊重陈姐并愿意靠近陈姐，而和利姐却仅仅保持着表面的和谐。

看似“冷”的人远离着这个名利场，在她的世界里“修篱种菊”。她的身上总透着一股子淡雅，淡是对名利的淡，雅是对生活的雅。她不会给予年轻人金钱和地位上的提升，但是靠近她就能让年轻人的心自然静下来，想踏踏实实做事，诚诚恳恳做人。和她在一起，有一种远离世俗的舒服感。

而看似“热”的人的笑脸背后，却是对名和利的在乎，她的热情不过是拉拢关系的一种手段，并不会真心地为对方着想，这样的八面玲珑反而显示出世俗的气息，让人心有防备。

一个从内而外散发着书香和沉静之气，一个从内而外散发着世俗之气。前者什么都不需做，就能吸引众人向她靠拢。而后者做再多，最终与他人也是泛泛之交。不同的气质形成了不同的磁场，这是个人的选择和修炼。

当然，你大可不必急于向他人展示你拥有什么，我们每个人的磁场都会在无形中投射给他人。如果你吸引不了他人，那你的气质仍需要修炼。

亦舒曾在《圆舞》一书中写道："真正有气质的淑女，从不炫耀她所拥有的一切，她不告诉人她读过什么书，去过什么地方，有多少件衣服，买过什么珠宝，因为她没有自卑感。"一个有气质的人，从来都不需要刻意去炫耀什么，人们就能从她身上读到她读过万卷书，走过万里路，阅人无数，品位不俗，因为这一切都藏在她的气质里，这就是她独一无二的磁场。

你站着什么话也不说，他人就能向你靠近并感受到美好，你的气质就是无敌！

塑造自我，做不一样的自己

没有人一生下来就是完美的，人的一生就是不断改变和完善自我的过程。安于命运的人，生活就是平淡无奇的原地踏步，而选择在生活中“扑腾”的人，她的生活也会掀起一层层浪花，或者绽放出不同的色彩。

我们的生活中并不缺少不停地塑造自我，成就不一样人生的人。

《奇葩说》自开播以来，以其独特的策划形式和寓教于乐的精神占领了观众市场。从第一季到第六季，这档节目的辩手充分展示了“知识就是力量”的魅力。如果让我从众多的辩手中选择一位作为崇拜的对象，这个人一定是詹青云。

初次在电视屏幕上见到这个女孩子，她并没有给我留下深刻的印象，因为她长得并不出众，个头一般，打扮同样一般。可是等她一开辩，我的视线再也没法从她身上挪开，这个女孩的气场太强大了！

即使是和实力强劲的对手陈铭“开杠”，她的思想和气场也丝毫没有弱下来。

“那曾经使我悲伤的一切，是我曾经热爱的一切”，她可以这样柔情；

“使唐僧成为唐僧的，不是经书，而是那条取经的路啊”，她可以这样富有哲理；

“如果我自己失去了一生的挚爱，我都毫不觉得可惜，我为什么还要去看《泰坦尼克号》，听《梁祝》，去读《半生缘》，去叹息‘十年生死两茫茫’‘当时只道是寻常’……”她可以这样在经典中自由切换。

…………

从古到今，从国内到国外，詹青云都能引经据典，信手拈来。这个不起眼的女孩在辩论的时候，浑身散发着光芒。虽然她的长相依然那般普通，可知识和见识却让她瞬间有了不同的气质。

因为被她深深吸引，我特意翻看了她的微博。这个女孩的生活较简单，她喜欢读书写字远胜于逛街购物。别人在微博上推荐各种名牌或是晒旅游和个人的美照，她在微博上多是推荐书籍以及分享个人阅读的观点。她也不喜欢饭局类的应酬，宁愿把这个时间留给自己独处。

在生活中，她最大的兴趣就是辩论。为了辩论，她需要积累大量的知识，因而需要沉得下心来积淀。她将各项辩论类的比赛作为自身学以致用的提升舞台，在实战中一路摸爬滚打，直到在“2018 华语辩论世界杯”中荣获了“最佳辩手”称号，直到在《奇葩说》中成为大众眼中知识女性的典范……

“成功的花，人们只惊羡它现时的明艳！然而当初它的芽儿，却浸透了奋斗的泪泉，洒遍了牺牲的血雨。”詹青云的成功显然是由无数个日日夜夜挑灯夜读和在赛场上一场一场“战斗”累积出来的。我们惊羡着她的明艳，却不能不承认这离不开她对自我人生的塑造。没有过去的积累，就没有今日的绽放。

塑造自我，带来的不仅是人生的改变，也能用自身的正能量影响更多的人向着更好的明天努力。塑造好了自我，你就是他人心中的榜样！

你是否有像她一般塑造自我的勇气和毅力？虽然会有一些不同于安逸生活的苦，可也有不同于安逸生活的乐。人生在世，怎样过都是一生。可数十载过去，当你只能在日子中一天天老去，你一定会心生遗憾吧?

“生命不是你活了多少日子，而是你记住了多少日子”，就像翻译家许渊冲先生所言，我们都要在人生有限的日子里把每一天过得有意义，才能不辜负“人生”二字。

没有让自身成长的人生，都是虚度!

第二章

气质让你飘散出令人着迷的味道

没有一种东西能够像气质一样，无声无息地装饰着整个人，温润如玉，流淌着华丽，即使没有刻意装饰，魅力也会扑面而来。

气质——女人最好的装饰

很多时候，我们会夸一个女人聪明、可爱或漂亮，但很少会夸一个女人有气质。聪明的女人常见，可爱或漂亮的女人也不少，而有气质的女人是可遇不可求的。

有气质，是对一个女人最高的评价。

夸一个人有气质，意味着这个人不需要名牌傍身或是浓妆艳抹也能出尘脱俗。有时，她只需要简简单单的妆容和简约的服饰搭配就足以力压群芳。

夸一个人有气质，代表她的身上散发着一种独特的魅力。如果这是一个漂亮的女孩，那一定不是一个“花瓶”；哪怕这个女孩不漂亮，也能吸引他人的目光，因为她或知性，或优雅，或从容，举手投足间有着与众不同的魅力。

夸一个人有气质，是在表达对这个人内在的欣赏。气质本身指的就是内在的涵养和修为。无论是“腹有诗书气自华”还是“气质美如兰”，都来自于内在的积累；否则，这个人投射出来的就不是气质，而仅是美貌。

在社交场合中，我们往往会恭维别人，但也鲜有用到“气质”这个词。在我们的概念中，气质是一个高级的词，似乎不能随意拿出来使用。只有当我们真正欣赏一个人的时候，我们才会发自内心地以“好有气质”进行评价。这个时候，我们常常会有这样的体验，我们的眼神也会放着光，满心满眼都是欣赏，这不是普通的恭维能有的状态，也不是能“做”出来的赏识。

所以，如果听到“你好有气质”这句称赞，你是否会比听到“你好漂亮”更欣喜呢？因为他不光称赞了你的外在，也欣赏了你的内在，更多了一份真诚。

但不是每一个人都有气质，也不是每一个人都能得到“有气质”的评价。

我们怎样才能拥有这样好的评价呢？

有气质的女人从不炫耀，但也不自卑，她们保留着一份能抵达人心灵的真诚；有气质的女人云淡风轻，无论是身处泥淖之中，还是身在青云之上，她们不会过分计较得失，不会争一时长短，始终是那么柔和；有气质的女人有自身独立的人格，她们不盲从，不嫉妒，不勉强自我，有自己的追求和主见，也有着坚守的原则；有气质的女人一直在突破自己，即使没有光鲜亮丽的着装，也能因丰厚的底蕴散发出无穷的魅力；有气质的女人把修炼气质作为人生的主题之一。

漂亮的容颜可以通过化妆而快速形成，而气质的培养却是一个漫长的过程。修炼气质的前提是修心。正因为气质来之不易，它才弥足珍贵，才会成为难得的评价。

我们一直在说，“好看的皮囊千篇一律，有趣的灵魂万里挑一”，迷人的气质同样如此。如果遇到一个你真心欣赏的女子，请用“好有气质”代替“好漂亮”，因为这是对她最高的评价。我们也希望每一个女子都能拥有这样的评价。

一个人的气质会照亮她的人生，让我们在岁月的长河里且行且修！

微笑——让气质彰显

微笑是一种无声的语言，它能让陌生人之间缩短距离，它能让不同语言的人感受到彼此的善意，它能给逆境中的人以鼓励，它能给顺境中的人以肯定。它是一种扬在脸上的自信，它是一份根植于心的善良。

爱笑的人，自有她的好运。

曾经有一个小女孩在外玩耍之后拎回了一个小袋子，袋子里装着十万元钱。小女孩笑着告诉为这事感到莫名其妙的父母，那是一位叔叔给她的。这让父母更摸不着头脑了，可小女孩坚持表示她什么也没做。过了几天，这事就在各地传开了，当然也吸引来不少记者，小女孩依然坚持她的回答——什么也没做。

一段时间之后，这个送钱的神秘人终于被揭开了面纱。这是一位身家上百亿的企业家，但富裕的生活带给他的是原本平凡的家庭难以承受的变化。忙碌的工作使得他无暇顾及家庭，慢慢地，夫妻之间的感情就出现了裂缝，甚至闹到难堪的地步，最终走向了离婚。离婚之后，唯一的女儿由妻子来抚养。

沮丧的他在路上偶遇了这个小女孩，女孩和他目光相对，然后给了他一个自然而甜美的微笑，这个微笑像一泓清泉注入到了他的心中。他瞬间觉得，这世间依然还有很多值得留恋的东西。心，也生了新的希望。

虽然对企业家而言，小女孩只是一个萍水相逢的陌生人，但企业家愿意用十万元感谢这个女孩的微笑。

有时候，你的微笑对你而言是微小的，甚至是你无意识做出的，可它让你在人群中显得那么不同。你就那么自然地吸引着他人向你靠近，用微笑的力量影响着他人，给他人心灵带去光亮，也给自己带来好运，这是微笑的自然磁场。你应该也有这样的体验，在人群中你愿意靠拢的就是那些面带友好微笑的人。

愿你有好运，如果没有，也许，微笑能为你带来一些幸运。

爱笑的人，自有她的魅力。

辰辰是一个摄影爱好者，她最爱拍的就是那些脸上洋溢着自然微笑的女孩，不做作，不刻意，那种笑容能直达人的心灵。这样的女孩不需要过多修饰，微笑就是她最好的化妆品。她像太阳般发着光，能让旁边的人都暗淡下去。有些女孩虽然化妆很浓，可让人感受不到吸引力，是因为她的笑容里没有温度，产生了一种冷冰冰的距离感。

她说，那些直面镜头而不闪躲，还能微笑着打招呼的女孩真美，有一种无与伦比的自信。她店里的常驻模特，就是她在路上偶然遇到的。那时候，辰辰和她同在一个公交车站等车，辰辰觉得这女孩气质不错就上前问了个路，没想到这个女孩不仅很有礼貌，而且全程微笑答话，她顿时觉得这个女孩仿佛多了一层光环。辰辰向她表明了自己的身份，并想拍一张照片采风，女孩没有丝毫怯意地看向辰辰的镜头，就这样，一张自信的笑脸就出现在了辰辰如今的店里。

如果你留心，你会发现你身边自信的女孩脸上都有笑容，这是她温柔的气场。有人选择美丽的皮囊，有人选择爱笑的灵魂。如果一个漂亮的女孩和一个爱笑的女孩同时站在我身边，让我选择心中的魅力女孩，我一定毫不犹豫选择爱笑的女孩。因为她的笑让她的美不独属于她自己，还属于身边的每一个人。

你给予他人的笑都会化作温柔的力量围绕在你身边。笑，大约是这世间最便宜又最昂贵的礼物了。扬在你脸上的微笑，将你的气质彰显了出来。

善良——气质无声的旁白

善良，似乎是一个离我们越来越远的词。

一是越来越多的人追求物质，而善良之于他们，成为一个于成名得利无用的东西；二是当今快速发展的社会所营造出来的气氛，让越来越多的人觉得善良的人反而难拥有幸福。

很多人已经忘了，善良是多么珍贵的品质，善良的人多么值得珍惜！

一个能设身处地为他人着想的人就是我们身边的天使。

优优不是一个善于表达自己的女孩，可是身边的人都心疼她、喜欢她，愿意照顾她，这都是因为她善良。在公交车上，遇到那些没有零钱的人，她会主动帮他们刷卡缓解尴尬；在公共场所，碰到老人在办理业务，她会主动询问他们是否需要帮助；朋友有难的时候，她会第一时间伸出援手。

她曾经谈起过一段她受伤的经历，那是一场意外。下雨的冬夜，优优在街边正准备过人行道，右脚刚迈出去，她就被一辆没有减速转弯的面包车撞倒在地，送到医院之后她被诊断出骨折。事故的原因被证实为面包车司机违规，应该做出全额赔偿。这个面包车司机是一个租房的打工仔，并没有多少积蓄，当日就是赶着送货，没有留意到拐弯处的人。他的家中还有两个孩子在读书。有人给优优出主意，让她多索赔一些钱。

优优想都没想，在医院住了三天之后就回家休养了，仅让他出了三天的医药费。也许有人认为她傻，可这份“傻”却打动了那个司机。出院之后，这个司机带着他的两个孩子特意到优优家看望了她。这对两个孩子而言，也是一堂生动的教育课！

如今，像优优这样的人似乎已经不多了，可正因为这样才显得弥足珍贵，才值得人们去珍惜！幸运的是，我们仍能在新闻里看到那些助人之后默默离开的无名善者；那些在无形之中给人暖意而不给人压力的善者；那些选择了清贫的生活，只为让他人拥有更美好的未来的善者。

《感动中国》“2012 年度人物”中有一个名叫高淑珍的女子。她本是一个普通得不能再普通的中年农家妇女，可她却做了一件绝不普通的动人事迹。14 年间，她收养了近百名残疾孩子，孩子们患有脑瘫、脊髓灰质炎、类风湿等疾病。她将近百名孩子的生活重担压在自己一个人的身上，从未向这些孩子收过一分钱。站在舞台上的高淑珍依然是那个普通的农家妇女，可在千千万万的女子中显得那么不凡。

“你的心和泥土一样质朴，你撒下辛苦的种子，善良会生长成参天大树”，真正的善良会生长，会让这个世界变得更美，真正善良的人让人觉得高贵！

美貌和聪明大多是天生的，但善良是一种后天的选择，选择是最难的一件事，它毕竟面临着诸多诱惑，需要战胜自我的内心。但依然有这么一些人愿意做出一些牺牲，为这世界添上一抹温柔的色彩，这才是直抵人心的纯洁。这样的人怎么不是闪闪发光的呢？

骨气——气质最好的名片

一个女人可以没有钱财，也可以没有名望，但唯独不能没有骨气。没有骨气的女人，就像没有根的浮萍，风一吹就随着跑；有了骨气，才能站稳自己的脚跟。

古代著名的才女卓文君，她的父亲是当时有名的富商，她从小就按照富家女的方式培养，见多识广，琴棋书画无不精通，而她更是天生丽质，有着娇美之姿，并且待人和善，这样的女子远近闻名，自是吸引了无数的仰慕者。

彼时的司马相如是家徒四壁的穷小子，还有口吃的毛病，但因诗词曲赋出众和翩翩之姿而有了“蜀中第一才子”之名。在朋友的宴会上，司马相如以“有一美人兮，见之不忘，一日不见兮，思之如狂……”的《凤求凰》成功俘获了卓文君的芳心。一个落魄文人的求婚自不会得到家人的祝福，卓文君冒着天下之大不韪与其私奔，从此过上素衣箪食的日子。最贫穷的时候，这个富家女当垆卖酒。虽历经坎坷，但她终究过上了一段饮酒作赋、琴瑟和鸣的惬意生活。

不久之后，司马相如迎来了他事业的高峰，重新得到了皇上的赏识。卓文君以自己的智慧为其献计献策，汉武帝在司马相如面前直言："卿本佳人，更得佳人策划，良可羡也！"可在这柳暗花明之际，司马相如却爱上了另一个妙龄女子，意图纳其为妾。古代女人遵守"在家从父，出嫁从夫"的规矩，然而卓文君却没有这样做。

她以"愿得一心人，白头不相离"来表达对这份感情的珍视；以"男儿重意气，何用钱刀为"来表达对司马相如的不满；以"闻君有两意，故来相决绝""锦水汤汤，与君长诀"来表明自己坚定的态度。既不隐忍，也给对方留下余地，同时也守住了自己的尊严，这是卓文君的智慧与骨气。

在司马相如最落魄的时候，卓文君和他一路吃苦受难，成全了他辉煌的人生，却在他辉煌的时候被抛弃。有的女子不闹个你死我活绝不会收场，要么就忍气吞声地继续过日子，可卓文君有同他吃苦的勇气，也有离开他的底气。她需要的是一份白头到老的爱情，否则一切都是将就，而这样的将就她决不会选择，这份骨气放到现在也不一定每个女子都具备。

相比卓文君的才气，她的这份骨气在历史的长河里激起的浪花更大。

亚亚是一个全职妈妈，她的老公在外地工作，她陪着孩子在大城市读书。每隔几天，我们就会看到她在朋友圈里分享“人怕伤心，树怕伤根”“眼泪是最好的答案”“无法重来的一生”之类的文章，或者是发图片配文“别人家的老公”“这才是幸福”等酸溜溜的话。透过她的朋友圈，我们感受到的是她过得一点也不幸福。朋友聚会的时候，她也老是抱怨自己的老公没有时间陪她，一点也没有浪漫的仪式感，每次开口向老公要钱总像是欠着什么似的，明明自己为这个家牺牲了青春，浪费掉了大学毕业生的才华，怎么到头来都没落个好？

朋友里也有人劝她要跟上时代，保持学习的状态，不能把希望寄托在别人身上，哪怕这个人是自己的至亲。可亚亚却觉得为了这个家庭她才成为这个样子的，她的老公应该为她负责，对这个家庭负责，女人照顾家庭，男人赚钱是理所应当的。于是，她就一边抱怨，一边过着做饭、追肥皂剧的生活。

一个人的不幸就是从丢失自我开始的，如果连你都看不上自己，你不仅丧失了为生活奋斗的勇气，还当了他人的“寄生虫”，那这个人抛弃你的时候连声招呼都不会打。就算你想从头开始，你又拿什么资本从头开始呢？

任何时候，一个女人有骨气，才能活得有底气。即使面临失去一切，也能潇洒地离开；即使离开了，也能绝地重生，让他人刮目相看。对于弱者，社会会给予同情，也会发自内心地尊重一个有骨气的自立自强的女人。

坚强，成就自己的独一无二

一只翅膀有损伤的鸟儿还能在天上飞，这是为什么？因为这是属于它生命的倔强，即使下一秒就是死亡，它依然在为自己拼搏着。刻进生命里的坚强，无论何时都令人动容。每个人的一生或许都会有“断了翅膀”的时候，你是选择哭着放弃，还是选择笑着迎接，这决定了你人生命运的走向。

静姐的老家在湖北，年轻的时候，她喜欢上一个小伙子，在父母的坚决反对下，依然随着他一同到了他的家乡。有了孩子之后，小伙子到沿海闯荡，静姐带着孩子住在乡下。小伙子确实是一个很有潜力的人，在沿海迅速找到了发展平台，虽然历经了很多的坎坷，可事业越来越好。一直在乡下的静姐感觉到越来越跟不上丈夫的步伐，他们之间的话题也越来越少，她就提出要一起到沿海去生活，但是却被小伙子以她需要在家带孩子为理由拒绝了。

直到有一天，小伙子告诉她，他喜欢上了另一个女孩子，希望静姐和他离婚。小伙子知道这么多年以来，老家的人已经把静姐当成了家人，于是，他提出离婚以后会继续寄给她抚养费。多年的青春换来一声“离婚”，背井离乡地追爱成为一场笑话，曾经的死心塌地变成了无情的背叛，此时的静姐一无所有。周围的人对小伙子的行为无法忍受，纷纷劝静姐安心守在老家，看他能把静姐怎样。

原本以为这是一场不闹到名声和财产双赔偿就不会散场的闹剧，但结果却是悄然而散。冷静了一段时间之后，静姐默默地签了离婚协议，条件只有一个——女儿归她。她没有回到自己的老家，也没有接受前夫的抚养费，而是在城里找了一份稳定的工作，带着孩子生活。她基本是白天工作，下班就急匆匆赶回家给孩子做饭，陪着孩子写作业。等孩子睡了之后，她才开始进行课程自学，考取各项证书。

每次看到她朋友圈的生活状态，我们都感受不到这是一个独自带着女儿生活的妈妈。只要时间稍微空闲点，她就会做出美食大餐，让那些妈妈直呼厉害；她家的阳台上种满了多肉植物，这是她给孩子的植物空间；母女二人把周末时间用来短途旅行或者是看电影、看话剧等，日子不富裕，但是有平常的幸福。

这样坚强到骨子里的女人，终于找到了新的幸福，组建了新的家庭。如今的她有疼她的老公，孝顺她的女儿，可她依然那么努力。

“我不需要这个世界来可怜我，我能靠自己的力量站起来；我不需要你给我所谓的物质补偿，我要的是精神的完整。当意外走向我的时候，我就迎面将它击打回去，所有的苦我都能把它变成幸福的能量，没有人可以让我倒下！”

我敬佩这样的女人，这样能傲到骨子里，能坚强到骨子里的女人！

生活把我打趴下，我就爬起来给它看！生活夺走了我原本的幸福，我就创造出新的幸福。我不靠天，不靠地，我靠自己，什么都不怕。为此，我忍着疼，忍着苦，扛住压力，守住寂寞，憋住委屈，就为了最终的逆袭，就像冰雪里盛放的梅花，傲雪独立，那么高洁，成为寒冬里最触动人心的那一抹颜色。

生活难，坚持更难，你是不是曾向生活低下了头？你的生活里是否有这样一番勇气？你有没有在坚强过后迎来盛放的欣喜？

女人的这一生有很多不易，可是为了容易的生活而选择妥协，最终只能咽下苦果。只有那些在风雨中仍能笑对生活的人，才会赢得生活对她的微笑。“风雨彩虹，铿锵玫瑰”，女子不仅有柔情、性感、浪漫，也应有一份振奋人心的坚强，否则就只剩下一地的凋零。一路披荆斩棘站上最高峰，你会发现风景这边独美！

出尘与脱俗是难忘的醉人风景

这是一个世俗的时代，人们喜欢追求物质，喜欢快节奏、娱乐化的东西，喜欢以权势衡量一个人的地位，喜欢以最便捷的方式过上最舒服的生活。一切都讲究体面，大学生毕业之后要找一份体面的工作，女人嫁人要选择一个体面的老公，孩子读书要上体面的学校……当大众都随着时代的洪流向物质生活奔去的时候，仍有部分人选择留在了山间做那一泓清泉，成为世间最动听的泉音。

籽籽有着极好的人缘，是那种很多人刻意拉拢也做不到的好人缘。大家都说，她的身上有一种干净的，让人看着就能忘掉烦恼、不去想利益得失的舒服感。当大伙都围聚在一起谈论领导的八卦新闻的时候，籽籽总是那个笑而不语的人，但大伙也从来不回避她，因为她从来都不会把这些透露给领导。同样，如果一个人试图在籽籽面前说另一个人的坏话，这样的话题往往刚开始就已经结束了，因为籽籽同样也对其毫无兴趣。在她的世界里，这个世界似乎都是好人，她都能找到那个人身上的闪光点，然后将其放大。

大家每次谈论到发工资或者怎样能领到一笔奖金的时候，籽籽也不在意。在她看来，该属于自己的那部分自然就是自己的，没必要在钱的问题上斤斤计较。因而在生活中，被占了便宜或是吃了点亏，她也不会和对方吵到脸红脖子粗。在她的世界里，永远有比钱、比八卦新闻更重要的事。

她钟情于自己的工作，不是为了领导的称赞，而是享受把事情做好的快乐。她愿意为他人付出，真心实意的那种，而且会因为帮到了别人而感到高兴，不会让对方感到有所亏欠。她喜欢阅读，曾有人描述过这样一个场景：籽籽随手拿着一本书站在走廊上，穿着白色连衣裙的她在阳光的照射下，就像是仙女一般美好。

大伙总说她不食人间烟火，像是神仙姐姐。神仙姐姐的爱情也很美好，男孩是一个军人，会给她写信寄情书，会给她发视频弹吉他，会突然现身来一个惊喜。他们没有经常在一起，却生活得像一部现实版的偶像剧，而且还不用担心会剧终。

我们的身边有太多“八婆嘴”的人，这一秒在你面前说着他人的坏话，下一秒在他人面前说着你的坏话；也有太多钻到钱眼儿里的人，工作的意义就是薪水；每天不是关注谁嫁给了一个多么有钱的老公，就是谁又买了一件奢侈品；今天帮了你一个忙，明天就巴不得让你还回来……籽籽不同，她不在意这些俗事，只是安静地做自己，不急不缓，一直守住心中的美好，然后带给身边的人一份真诚的温暖，这样的人不是神仙姐姐，又是什么呢？

这样出众脱俗的人就像一朵静静绽放的栀子花，纯洁无瑕，清香淡雅，在一堆玫瑰中间显得那么高洁，让人心生向往。这样的人都有着自己独立的生活空间，不会在热闹的人群中逢迎他人或参加一些无意义的聚会。她们喜欢独处，喜欢自然和阳光的味道，喜欢与世无争的淡然，不会被世俗的条条框框所约束，不去做他人眼中的所谓的成功或优秀的人，因为她们有一个自由的灵魂。

世间的风景有千万种，可是独有那一抹出众脱俗的气质能在万种风情中脱颖而出，令人心生迷醉，因为淡，所以雅；因为雅，所以舒服！这样的女子在世间已是少有，是最珍贵的！

身在世俗之中，我们也可高于世俗之上，这是你热爱生活的真正的方式。其实，不妥协于世俗是我们每个人走向社会的初衷，只是我们走得太远而忘了为何出发。也许有一天，你也能回头看看自己，看看是否还能做那个出众脱俗的女子！

不论年龄，因气质而与众不同

气质与一个人的年龄、经历、修养有关，它需要时间的积淀，但并不代表人到了一定的年龄才会有气质，年轻人也可以因阳光上进而气质出众。

对年轻人而言，这个年龄段的蓬勃生机和活力就是一种气质。一个年轻人若总是一副少年老成的深沉样或者是一副整日里无精打采的蔫样，这样的人带给别人的就是一种死气沉沉的感觉，有何气质可言？

若是这个年轻人像太阳一般热情，对一切事物都充满好奇心，愿意接触新的事物，有积极向上的力量，那他的视野必然是广阔的，整个人必然焕发着神采，也就能吸引众人向其靠拢。他朝你走过来的时候，身上有阳光的气息。年轻人的朝气，是一种进取的状态，是一种昂扬的斗志，是一种人生的选择。试问一下，你愿意成为那个走路都低头弓腰的女孩，还是那个活力四射的女孩？

年轻人的气质来自于他们的内在修养。年轻是他们的资本，活力也是他们的优势，而内在修养在于他们的勤学苦练。

刚入大学的时候，班上大部分同学都是青涩、稚嫩的模样，可琳子一下就被班上同学推选为班花，倒不是她的长相有多出挑，但就是有一种说不出来的与众不同，也许是所谓的气质吧。

班上的文艺活动基本都由琳子出面组织，在所有人还在为节目犯愁的时候，琳子会有她独特的想法。当其他班级都在排练歌舞类节目时，琳子会别出心裁，演《雷雨》这样的戏剧类节目，最终往往出奇制胜。像这样的节目，她都不会完全按照原有的编排，而是依照剧本现场指导。在编排之前，琳子会对剧本反复研究，做到心中有数。在现场的时候，琳子的指挥有度和呈现出来的文化底蕴让人立刻明白了这个班花名副其实，她就应站在舞台那束光的中心。

琳子就是整个学校的风云人物，身后的粉丝——学弟学妹一批又一批。这种既当学霸又当文娱活动组织者的感觉，不是每一个人都能体验的。琳子说，从小家庭对她的培养就是在学习和才艺、为人处世几方面同时抓。文学经典是每天的必修课，钢琴和舞蹈是选修课，和人相处则是日常课。

可是大部分年轻人的必修课是什么呢？在“高考是独木桥”的宣言下埋头苦学了几年，“进入大学之后就是彻底解脱”，然后找到一份安身立命的工作，上班、下班、睡觉、娱乐就是生活的日常，让日子过得舒服就是最高级的目标。已经淹没在日子里的我们怎么让自己有神采，你和众人有何差别？

那些让你眼前一亮的女孩，她们的生活有着极度的自律。即使有高颜值的先天条件，有年轻做资本，她们依然懂得要用内在的修养来提升自己的“颜值”空间。她们读书，健身，参与各种活动，时刻以高标准要求自己，时刻保持着和人相处的分寸感，站在他人的角度为他人着想。她们把每一个平常的日子都当成了“起舞”的日子，热爱生活的她们也被生活爱着。

“生命并不是你活了多少日子，而是你记住了多少日子。你要使你过的每一天都值得记忆。”如果女孩们每一天都是这样度过的，那么她又何惧年轻稚嫩，何惧在一群资深的人面前展现自己的魅力？因为她已经有了底气，有了显露在外的气质。她站在哪里都会成为焦点，因为她值得被人信任！

无畏年华，用气质点缀千般旖旎

从年轻到衰老，是无法抗拒的自然规律，人最可悲的不是年华老去，而是在老去的年华里让自己变成了一副冥顽不灵或老态龙钟的模样。对一个女人而言，优雅地老去比窝囊地年轻更有魅力，她让一个女人依然有着耀眼的光泽。

黎姐退休之后，从老家到外地和孩子一同生活。她的儿子、儿媳没想到生活会因她而改变。

近六十岁的她十分亲切，笑起来颇有温婉的感觉，仿佛岁月对她从来都是温柔的。和儿子生活在一起之后，她并没有一副需要被供养起来的姿态，每天早晨做完早餐之后，她就会外出跑步；晚上的时候，她会给孙子讲讲故事，陪孙子玩玩游戏，还和孙子学“10后”的新式玩意儿。周末的时候，她会拉着儿媳一起到健身房练练瑜伽。

在对这座城市基本熟悉之后，黎姐就在社区找了份工作。她喜欢和年轻人在一起，聊聊最近的新东西，也会和有一定阅历的人谈谈历史、生活、文学等。年轻时候的黎姐曾是公司的高管，文化类的培训课程做过不少。

黎姐不仅没有增添家庭的负担，而且让后辈养成了更好的生活习惯，并用她的人格魅力影响着后辈成为更好的人。享受型的老年生活对黎姐而言是对人生的懈怠，她喜欢保持活力，喜欢靠自身的努力来获得幸福感。正是因为这样，黎姐和其他的老人显得很不一样；正是因为这样，黎姐对于“老”这件事并没有多少概念。

现实中有很多年轻的时候靠丈夫、老年的时候靠孩子的女人，她们看上去似乎过着不错的生活，其实内心空空如也，老了不过是走过虚无的一生；也有些人在婚姻生活中已被磨平了棱角，渐渐迷失，成为没有远见的怨妇。这样没有经营好人生的人，在老之将至时除了慌乱，没有什么能留给自己和身边的人。

像黎姐这样活出姿态的人，在她身上找不到一点被岁月摧毁的痕迹。与其说是岁月对她们垂爱，不如说是她们赢得了岁月的尊重，这样的老才有魅力。

其实，生活中还有些倚老卖老的女人。仗着年老，她们在公交车上吆喝着要年轻人让座位，稍不顺意还骂骂咧咧；在家里做“老佛爷”，凡事都让家里人迁就着，供养着，不能有一丝不顺意；在单位卖着老资历，不接受新鲜的事物，还让年轻人给面子，不能讲她半点不是……这样的老人老得没有一点风度。我们甚至可以从她们老去的模样里窥见她们年轻时候的姿态，定是斤斤计较，一种怨妇的姿态。如果是这样，我确实害怕老之将至，因为怕长成一副令人讨厌的嘴脸。

像黎姐这样的人，她们老出了令人艳羡的姿态。年轻的时候，她们拼命努力，锻炼身体，积攒财富，积累实力，为老去做好了丰富的人生储备。在慢慢老去的过程中，她们不害怕没有人照顾，不害怕失去风采，因为她们有健康的身体，有充沛的精力，有丰富的人生阅历，有一颗依然热爱生活的心。

站在人生的舞台上，她们不依赖，不抱怨，把自己活成了一道风景，让与她相处的人从她们身上得到力量。原来老去也是一件美好的事，只要你不曾放弃自我修炼，只要你有足够的底气来对抗岁月，你的风采只增不减。

年老了，失去了美貌，但并不代表会失去社会存在感。在生命中沉淀和积累的是智慧、慈爱、温和，是一生的答案。愿我们都能在老去的年华里，用气质向年轻人展示优雅地老去是多么旖旎的事。

你的美，时间能为你证明，但愿你能经受住时间的证明！

气质使女人向女神进化

女神，古代指女性的神明，到后来，慢慢成为智慧与美貌并存的女性的代名词。而今，它已经是一个普遍性的词语了，似乎大部分女性都可以安上这个头衔。朋友圈一刷，歌唱得好的是女神，戏演得好的是女神，长得漂亮的是女神，女神无处不在，反而让女神“贬值”了。

真正的女神绝对是稀有的，有着一般人所没有的气质。

叶嘉莹绝对算得上是真女神级别的人物。

最近一次在屏幕上见到她是在《朗读者》的舞台上。当93岁的她颤颤巍巍地走出来的时候，全场起立，掌声不断。她虽然已是满头银发，满脸皱纹，可眼中仍有一股英气。她在现场吟诵起诗歌，声音的穿透力极强，从她的声音中透出来的对诗歌的挚爱瞬间感染了观众们，举手投足间尽是文人的儒雅。

看上去云淡风轻的老人家，其实这一生经历了诸多不幸。

叶嘉莹出生于北京的一个书香世家。诗礼传家，父母从小教她读书习字，背诵经典，让她在诗歌中成长。然而好景不长，北京被日本人占领之后，她家道中落。不久之后，母亲离开人世，那时的她年仅17岁，父亲也在战争中没了消息。失去双亲庇护的她，需要在战火中照顾自己和两个年幼的弟弟，那段人生，除了窘迫，就是悲苦。一个女孩是怎样承受的，只有她自己懂得。

之后，在伯父和伯母的关照之下，叶嘉莹重拾学业，终于如愿考上大学。

结婚之后，叶嘉莹的人生进入了另一场灾难。那时正值国民党在台湾实行“白色恐怖”的时期，叶嘉莹一家人，甚至几个月大的女儿都遭遇了牢狱之灾。虽然后来她和女儿被释放，但工作和房子都没有了。她无家可归，也无处可立身。

为了维持生计，叶嘉莹寄住在亲戚家之后就在私立学校任教。三年之后，丈夫被释放，他却将不幸迁怒到叶嘉莹的身上，让这场婚姻成为叶嘉莹的“牢狱”。她没有怨天尤人，一边承受着，一边走好自己的路。

终于，命运让她获得了在美国教学和在哥伦比亚大学任教的机会，她得以在温哥华定居下来。只是，厄运并没有放过她，好不容易得来的幸福生活，在大女儿和女婿遭遇车祸双双去世及小女儿两度患癌中破灭了。

在战乱中成长，在海外漂泊半生，一生经历多次生死离别和苦难的折磨，可叶嘉莹有不屈的灵魂，有扼住命运喉咙的勇气，承受住了常人所不能受的苦难。在她脸上找不到任何不幸的痕迹，她没有活出悲苦的模样，没有对生活失去希望，而是在生活中拼搏，成为受众人敬仰的教师，成为中国古典文化的传灯人，还被授予“影响世界华人大奖”终身成就奖。

“从漂泊到归来，从传承到播种。有人说她是中国为数不多的穿裙子的‘士’。她替未来传承古典诗词命脉，她为世界养护中华文明根系。千年传灯，日月成诗”，从苦难中走来，把一切归于平静，选择将美好带给大众，叶嘉莹用一生写就了一部真女神的进化史，她是当之无愧的女神！

真正的女神应有这般模样，而不是没有内涵和格局的肤浅。只有真女神多了，整个社会才会有所提升。我们都在时光中修炼，努力拓展自己生命的宽度和长度，在岁月的流逝中增添内在的厚重感，成为名副其实的令众人羡慕的女神。拥有了真正的女神气质，无论我们身在何处，历经怎样的磨炼，看起来是多么困苦，我们的光芒也无法被掩盖！

“活着就意味着要做点什么”，不是在安逸中等待死亡，不是在生活的不幸中沉迷于情绪，不是在名利场上流连徘徊，而是开启一段真正有意义的人生，成为一个更完美的自己，活出女神的风度！

第三章

做个灵魂有香气的女子

容颜会败给岁月，而气质则不惧风霜，和自己的美融为一体，无论怎样的天气，都闪耀着动人的光芒，无论何时，都会滋润灵魂，伴随一生。

书香——岁月从不败美人

若有诗书藏在心，岁月从不败美人。

谈到“书香美人”，董卿无疑算得上一位。1973 年出生的她，已经迈向了知天命之年，然而她那由内而外散发的气质，怎么都难以让人和“中年妇女”联系到一起。人们记住的是她的美，而全然忘记了她的年龄。

众所周知，董卿的父亲对董卿的教育极为严格。从小他对董卿的要求就是多读书而不是花心思在打扮上。读书时期，董卿几乎每天都要抄成语和古诗古文，并且隔几天就得阅读一部名著。读书已经刻进了她的骨子里，成为她如空气一般的生活必需品。如今功成名就的董卿，每天晚上睡觉之前依然保持着阅读一个小时的习惯，这对她而言是雷打不动的习惯。不仅如此，从上海戏剧学院的电视编导系本科毕业的她，在工作之后也一直在学校进修深造，她凭着自己的文化修养，顺利成为华东师范大学古典文学专业的研究生。此后，她更是远赴南加州大学继续深造。可以说，这几十年的时间，她从没有停止过学习，没离开过书本。

读过的书让董卿举手投足之间都是优雅和从容。她的脸上没有沧桑感和疲惫感，只有骨子里透出来的自信和大气，人们看不到岁月对她的无情。

《朗读者》和《诗词大会》播出之后，董卿一跃成为“全民女神”。她的一颦一笑都让大众惊呼“腹有诗书气自华”，她出口成章的精辟点评，让大众纷纷点赞，更有不少人直言自己没文化、长得丑就是因为没读书。董卿就这样带动了一股文化之风，也掀起了全民对读书和气质之间的新认知。

“真正的美人，有闻过书香的鼻，吟过唐诗的嘴，看过字画的眼。”连一向以“毒舌”著称的金星也发自内心地这样评价董卿。

你读过的书不会在一夕之间让你成长，但它们会一朝一夕间影响着你，最终在你的脸上呈现出来，在你的一言一行中透出来，形成了你整个人的气质。

“全民女神”董卿用书香为她的人生打下了底色，并和书相知相伴。平凡如你我的每一个普通人，更应在书香里找到生活的精致和典雅。

朋友和我说起她的表嫂前两年跟表哥离婚了，因为她的表哥实在太不上进了，这两年是表嫂一个人带着孩子。在我的想象中，表嫂应是一个为生活而辛苦奔忙、为了孩子的学习而操碎了心的中年女人形象。偶然的机会，我在朋友家见到了表嫂，她的形象完全出乎我的意料，甚至让我自惭形秽。

她四十多岁，有很好的身材，穿着青春时尚的衣服，脸上化着精致的淡妆，说起话来柔声细语。她和朋友谈着设计思路，那专注的模样让她全身散发着光。一个下午的时间，我就彻底被她吸引了，然后便加了她的 QQ 和微信。

回到家后，我把她的空间从头到尾浏览了一遍。原来这是一个每天都会写读书记录，每周都会向朋友们推荐一本好书的女人。隔一段时间，她就会和孩子一起到剧院看场话剧或者听一场音乐会。从她的文字中，我读不出她对生活的抱怨，更多的是一种理性的思考。

在她的影响下，她的儿子也同她一起读书、做记录、分享。相信一个好读书、能在书海中静下心来的孩子也不会让妈妈有过多操心的地方吧！

一个爱读书的女人始终能保持自我人格的完整性，不会在婚姻里迷失，也不会在离婚了之后把日子过得颓废。她能在书海中充实自己的灵魂，找到人生的方向。一个人带着孩子过日子，她也能把自己的生活过得如诗般精彩，让岁月在她脸上无从下手，可能这是一般的女人还达不到的境界。

热爱读书的女人，不会把生活堆砌在柴米油盐酱醋茶中，在时光的流淌里把自己熬成黄脸婆；也不会在失去了谁之后便倒塌了自己的精神支柱，过着浑浑噩噩的日子来乞求他人的垂怜。她们也许能从《简·爱》中读到一个女子的坚强和独立，从《撒哈拉的故事》中读到一个拥有自由灵魂的女人，在《傲慢与偏见》中越过爱情看到春暖花开……书能给予一个女人最好的人生际遇。

美人在骨不在皮。书香，是一个女人最好的美容品，从外在一直美到心灵。

得体——一言一行知进退

曾经在一本书上读到过一句“只有小孩子的世界才分对错，成年人讲究的是得体”，这话一下就戳中了我的心窝。得体，似乎成为一个成年人成熟的标志。确实，如果你见过那些得体的人，你就会知道它在一个成年人身上所散发的魅力。

小林是我朋友中长得较普通的一个，但一直都很努力，想靠实力来证明自己。毕业之后，她没有像其他同学一样到小公司里安身立命，而选择到一家大型企业实习来锻炼自己的能力。刚到公司不久，她就和我们说同到公司的还有两个年轻的女孩，都是颜值上“碾轧”她的那种，而且家庭条件应该不错。

小林稍微感到了一些压力，但依然坚持自己的工作方式。虽然公司的制度对实习生要求没有那么严格，但她还是每天穿着公司要求的工装提前上班，等把手头的工作都做完了才下班。可能是因为长得漂亮或是年轻的关系，那两个实习生喜欢穿自己的服装，有时是青春风，有时是轻熟女风，有时是时尚风，这靓丽的风格倒也是公司里的风景线，让小林这个实习生有些“格格不入”。

实习结果出来之后，两个既漂亮又能干的实习生都没能进入公司，公司唯独留下了小林。小林实在找不到原因在哪儿，论能力，这两个女孩并不比自己差；论长相，留下她们，公司的形象也能提升不少。在正式入职之后，她得到了答案，因为她在实习期间每天的工作服体现了她对工作的尊重，公司需要的是得体的员工，而不是漂亮的员工。得体，就是给客户专业感，让客户产生信赖感。

一个人的长相是天生的，并不由她自己决定，可是一个人得体与否却是她后天的修炼。一个人可以长得普通，但不能不得体。得体的服装就是身份的代表，是对工作的敬畏心，也是一个人专业度的体现。

而得体的言行更是一个人内在素养的体现。

如今是一个宣扬个性的时代，不少人把“直戳他人痛处”当成真性情的体现。

身边要有个过了30岁还没有嫁出去的朋友，那些打着为她好的旗号的人就会站出来“直言不讳”：“你都这么大年纪了，还没结婚呢？”“你怎么就嫁不出去呢？”“胖成这个样子，谁要你啊！”“你情商怎么这么低啊！”

朋友圈里要是有人发一张喝着咖啡读书的照片，随之而来的就是“装什么文艺啊”“是不是又是拍完照走人啊”“就你还爱读书呢”……

要是有人情绪不好在朋友圈里发泄几句，也会有人“酸”上几句：“多大点事啊，非得弄到大家都知道！”“一看就是在求安慰！”“矫情什么呢！”

…………

30岁未嫁可能是选择独身，可能是受过伤之后正在自我疗愈，可能是没遇到那个对的人，你那随意出口的一句话却可能使对方受伤；在咖啡馆里读书、拍照，这是他人的生活方式，你的一句看似无恶意的嘲讽却可能让对方没有勇气再以这种形式记录自己的生活；而面对那些宣泄着情绪的人，作为局外人，你又怎么懂他当下的痛呢？这不是往他的伤口撒盐吗？

如果你能以一句“你这样善良的女孩一定会找到属于你的幸福”来给那个女孩打气；能以“这样的生活真惬意”给那个读书的朋友带去美好；能以“都会过去的，我们会陪着你”给那个情绪低落的人鼓励……

我相信这样贴心的话语比你的“直来直往”更得体，它们会像清风一般给听的人一种清新舒适的感觉，也更会让人欣赏。

做一个说话得体的女人，用幽默的方式来化解他人的尴尬，在他人落寞的时候给予真诚的安慰，聪明而不抢他人的话头，不在说话中炫耀自己的优越感……

当你把得体化成一种习惯，你既尊重了他人，也会赢得他人的尊重。一个得体的女人自是有几分令人艳羡的美。

知性——温文尔雅慧如兰

翻看百度词典，有一条为知性专门下的定义：知性是介于感性和理性之间的一种认知能力。在我国古代文学家班固的代表作《游居赋》中也出现了知性一词，即“美周武之知性，谋人神以动作”。知性逐渐用于形容女性，指那种由内在美而散发出来的气质。

提到知性，我们一般会想到杨澜、徐静蕾、袁泉这样一些有知识、有气质、有思想的人。的确，这几个都是知性的女人，也正是如此，才让她们在主持界和演艺界显得与众不同，可有时我又觉得她们离我们的生活太遥远。

其实，我们身边也不乏这样知性的女人，她们美得让你心生向往。

我的领导陈姐就是这样一个人，只是这声“陈姐”似乎有些把她称呼老了。

第一次见她是在公司的入职大会上，她穿着一身长款连衣裙，从台下走到台上发言。看她那高挑的身材和笔直的身板，我就料想这女人肯定不一般。果然，当她往台上一站，那骨子里透出来的自信就瞬间让整个场子静了下来。

虽然是作为领导发言，但是她的言语里没有任何让人听着不舒服的地方，而是“化骨绵掌”般的婉转但又戳中心窝。她每一个小节都引用了诗歌做小标题，而具体陈述时都巧妙地表扬了公司的员工。不仅是发言的内容让人觉得颇有内涵，而且她发言时的语音语调和停顿也让人听着很舒服。听旁边的同事说，她还专门参加过演讲方面的培训，难怪能这么恰当地表达她的见解。

这一场会下来，我就彻底沦陷在她这气质和演讲中了，真是让人不自觉地就想向她靠近。而在后来的接触中，我越来越发现她与其他领导的不同。

她喜欢穿长款的偏旗袍风格的衣服，有时是一整套的套装，因为长期练瑜伽的缘故，她穿这些衣服总是有一种独特的韵味。无论在公司什么地方碰到，她都会和每一个员工（即使是我这样刚进单位的小兵）浅笑着打招呼。她的笑不是刻意的客气，而是发自内心的一种“看到你很开心”“你好”的温柔，这一声笑就成为我们的员工福利，也令她更增添了一丝韵味。

我到她办公室汇报工作的时候，总是会发现她桌上的东西摆放有序，并永远都有一束鲜花。办公室的书架放在她触手可及的位置，上面摆放着各种书。她总是会让我坐着汇报工作，在工作汇报结束之后，也会问上几句我的日常，有些在我身上发生的小事情，她居然都知道，还会送上几句关怀。最意外的是，在我生日的时候还收到了她的祝福短信。

闲暇的时候，她就会把年轻的员工聚集在一起，和大伙品品茶，聊聊书，教大家插插花，周末的时候也会邀大伙练瑜伽。

我终于找到同事死心塌地跟着她的原因了，这样能力超群，气质优雅，又能贴近员工日常生活的领导，谁不喜欢呢？

我们听到“女强人”三个字的时候，就会很容易联想到那些不近人情，没有生活情趣，一心只扑在工作上的女性形象。可有一种女强人也活出了陈姐这般有生活、有工作、有人缘的模样，源自骨子里的知性让她实现了人生的多赢。

知性的女人总有一种无形的吸引力，我们都渴望成为那样的人，可是这背后也少不了付出。就像陈姐之所以能给我们呈现出举手投足间的魅力，其实是因为她有着自律的生活。既要管理自己的身材，又要培养各方面的生活乐趣；既要懂得控制自己的情绪，又要会照顾他人的感受，而且必须具备一定的工作能力。

有人可能会陷入一种误区，认为有一个姣好的外形条件和温柔的姿态，或是高一点的生活品位就是一种知性，其实这仅是学到了知性美的表面，而不是内里。

知性是在生活中沉淀出来的一种大智慧和大气度，是“风雨过后”的一种淡定，没有一定的修炼，哪会如她这般处理事务游刃有余，又蕙质如兰？

亲和——一抹云霞笑春风

生活中或许我们都有这样一种体验，和有亲和力的人打交道会让我们处于舒服的状态，而愿意多和他们待在一起。那是因为有亲和力的人不会给人压迫感，他们能让人很容易就卸下心中的防备而完全放松下来。

现代社会的生活节奏如此之快，大多数人都处于一种紧绷的状态。他们的压力、烦恼、不满都写在脸上，很难有平和的情绪表达，这样的人自然难以让人靠近。而那些身处压力之中，能把情绪内化，将柔和的一面展现出来的人往往有着极好的人缘，这样有亲和力的人有一种自然的吸引力。

真正的亲和力，是一个人的素养，是善良和根植于心的爱。

我曾听过太阳和风比本领的故事。

说有一个老人在路上走着，太阳和风都发现了这个老人，他们决心比谁更有魅力，便以谁让老人脱下衣服就取胜为约定。风先发制人，以它的风力直奔老人而去。没想到，这风力反而把衣服吹得包裹住了老人。风不服气，就加大了风力，结果衣服越包越紧。风竭尽全力，最终也没有把老人的衣服脱下来。等到太阳出手的时候，它并没有出蛮力，而是散发出了温和的光照着大地。老人感觉到了阳光照在身上的舒服感，走得也更轻快了，渐渐地就热了起来。于是，他很自然地脱了衣服。

有亲和力的人绝不会像狂风般使用蛮力，而是如轻柔的风吹进人们的心田；不会是毒辣的阳光炙烤着大地，而是如温暖的光舒服地洒在他人身上。于是，这样的人自然也能得到他人的全力相助。

阿蓉是一个很爱笑的女孩，平时遇到谁都给一个甜甜的微笑，和人说话也总是柔声细语。身边的人有烦恼的时候，她会认真倾听并给他人真诚的建议，而不因为被当作“垃圾桶”觉得不舒服，或是因被浪费时间表现出不耐烦。最重要的是，别人和她分享的事情她决不会不经允许而透露给他人，她是一个能守住秘密的人。工作中和生活中，但凡举手能帮的忙，她都很乐意为他人做，而且不会让人觉得有相欠的负担。

人们都说人善被人欺，可这样的阿蓉反而成了“团宠”。同事回老家了，定会给她带好吃的；阿蓉过生日的时候，大伙都会给她备个小惊喜；如果阿蓉有什么需要，不等她开口，就有人主动帮她做好。有一回阿蓉要参加一个大型比赛，整个团队的人陪着她通宵准备第二天的展示，助力她拿到了一等奖。这就是日常生活中的亲和力结下的善缘所聚拢的人心。

有人说，亲和力是一种与生俱来的魅力，不是后天能练就的，毕竟有些人天生就长得亲切，而有些人怎么看都给人距离感。那这样的人永远都和亲和力无缘了？其实不然。亲和力有天生的成分，但更多的是成长的过程中所形成的气质的外在呈现，它是一个人的心态及接人待物的态度。

培养亲和力，需要一个人真正打开心扉，真诚地对待他人。

首要的便是善解人意。如果一个人只会站在自己的角度想问题，那她和对方永远隔着一条鸿沟；但如果可以站在对方的角度想他人之所想，急他人之所急，让对方有可信赖感，那便能瞬间拉近和人的距离。

其次是发自内心的欣赏。每个人取得成绩的时候都希望得到他人的肯定，有些人给的肯定是出于客气，有些人给的肯定是碍于情面，有些人心中嫉妒而表面仍在虚伪地肯定。其实人和人之间的感应力非常强，你真诚与否对方都能感受到。一个有亲和力的人一定会在他人取得成就的时候真心为对方高兴，这样的诚意对方感受到了，那你们的心自然就靠拢了。

最简单的亲和力莫过于微笑，俗语说“伸手不打笑脸人”，就是因为笑使人感到一种天然的和气，但这笑当然并不是虚伪的笑，而是发自内心的笑。

一个人由亲和力散发出的人格魅力最能凝聚人心，也最能打动他人。如果你拥有亲和力，它将是你这一生弥足珍贵的财富，那就不遗余力守护好它吧！

自信——纷纷好似艳阳天

“莫道桑榆晚，为霞尚满天”是唐代诗人刘禹锡的自信；“天生我材必有用，千金散尽还复来”是诗仙李白的自信；“自信人生二百年，会当水击三千里”是一代伟人毛泽东的自信。自信，自古以来就被刻在杰出人物的骨子里，助力他们的精彩人生。其实，自信成就的不仅是英雄人物，一个普通的人若是充满着自信，他的人生也会有不同的色彩，而一个女人的自信更让其由内而外散发着独有的魅力。

读大学的时候，我和班上的一个女生一同去参加社团的竞选。到场地之后，我看着那些女孩一个个化着妆，穿得十分时尚，再瞅瞅我们俩这青涩的模样，心里直打鼓，这气场不就已经弱了吗？听着她们的发言，我就越发觉得自己的竞选宣言毫无竞争力。轮到我的时候，我虽然流利地把竞选宣言读了下来，可我知道我在心里已经承认了自己落选的事实，这发言自然也好不到哪里去。

可我没想到的是，我的同学居然让我们眼前一亮。这个不起眼的女孩竟然在台上有这样的气场，仿佛那个舞台就是她的。听着听着，我已经忽略了她的长相，也忘记了之前那些花枝招展的姑娘，觉得这个岗位就是属于她的。结果可想而知，我被刷下来了，而她却晋级了。

事后，这个同学主动来安慰我，其实我也明白自己失败的原因在于不自信，可我也很好奇她是怎么做到那么自信的。她当然乐于和我分享："在我看来，每个人都是平等的。那些女孩长得漂亮是天生的优势，她们穿得时尚也和家里的条件以及成长环境有关，这些都是我们无法决定的。可我并不觉得缺少了这些东西就代表我不优秀，我也有她们没有的东西。比如这个岗位，我认为我的踏实、上进以及与人相处的能力都是我竞选的资本，我能凭自己的实力获得这个岗位。我需要的就是站在台上展示最好的自己，其余的因素都与我无关。"

后来，这个女孩一直做到了这个社团的领导人，并在这个岗位上把大学入学之初那些想开展的活动一一实现了。站在讲台上的她，举手投足之间都是"女王"范儿，精致，干练；台下的她办事雷厉风行，说到做到。这个社团在她的带领下成为学校的风云社团，而当时那个其貌不扬的青涩小女孩已然成为无数学弟学妹心中的风云人物。毕业之后的她，自是能找到一个施展能力的平台。如今在单位里，她的风格就是“御姐”范儿，俨然是他人眼中的成功人士，而只有我清楚她是怎样一步一步到达这个位置的。

我们处于同一个起点，但走向了不同的发展方向。我过着平淡的生活，而她在不同的挑战里把事业做得风生水起，把日子过得有滋有味。若是当时我也有她那般的自信，我的生活是否会有所不同呢？

人生没有回头路可走，可人生也教会了我重要的一课——自信能改变人生轨迹。也许你会因为外貌而不自信，也许是因为家庭条件，也许是不善于表达，可如果你让这些东西捆住了你的内心，那你的人生也就被捆在了这个狭小的世界里。因为如果连你自己都没有勇气面对这些“缺点”，那谁又能让你发光呢？一味在意这些，只会让原本在你身上闪闪发光的东西被遮掩。

生活就是这样，只有你把自己当回事的时候，他人才会把你当回事；只有你把自己亮出来，他人才会发现你的光亮；只有你自信起来，才会给他人相信你的机会。这个世界上没有天生完美的人，是自信让人变得越来越完美。

自信的人懂得欣赏自己的美，而不自信的人始终把目光放在他人身上，羡慕他人而贬低自己；自信的人会乐于接受他人的建议来让自己变得更好，而不自信的人会因为他人善意的提醒而无限放大自己身上的缺点；自信的人在感情里总是处于积极乐观的状态，而不自信的人总会缺乏安全感而患得患失；自信的人不管失败或成功都愿意给人生无限尝试的机会，而不自信的人会害怕失败而局限在一个狭小的空间里……自信之人的一生会越走越顺，仿佛世界的一切都在为他助力，而不自信的人生总是被阴霾掩盖，偶尔才得到一丝阳光的眷顾。

自信能成就人生，自信让女人一生都有活得漂亮的傲气。

优雅——自有清水出芙蓉

优雅，是对一个女子最高级别的称赞。一个优雅的女人不一定是最漂亮的，但一定是最具吸引力的。我曾经以为优雅是年轻女子或者中年女子的代名词，直到我在生活中遇到那些优雅地老去的女人，我才更深刻地体会到这个词的意义。

我曾到一个同事家做客，留给我最深印象的就是她的奶奶。

我们是临时决定去同事家蹭饭的，一进院门，她的奶奶正坐在院子的躺椅上读报。她穿的是一身淡雅的针织衫，脚下是一双带花纹的布鞋，旁边放着一个精致的茶杯。面对突然出现的我们，老奶奶并没有显出诧异或慌乱，而是微笑着和我们一个个打招呼。

在同事做饭的间隙，老奶奶就陪着我们聊天。她和我印象中的老奶奶的形象有些不一样，她不会主动打听我们每个人的隐私，也不随意议论工作中的是非，只是一边听着，一边招呼我们喝茶、吃水果。在我们好奇心的驱使下，她也和我们一起谈论着自己年轻时候的那些事，偶尔莞尔一笑，颇有年轻女孩的温柔。

同事说，无论什么时候到奶奶家里来，家里都是这么洁净，这是奶奶保持了一辈子的习惯。奶奶平常保持着读报的习惯，会在院子里侍弄她的花，空闲了就会到剧院看场话剧，也偶尔和她的几个老伙计跳跳舞，谈一谈最近的生活。虽然奶奶已经独身很久了，但她仍会把自己收拾得很精致，也会让自己的生活丰富起来。

望着眼前这个七十多岁的老人家，我并不觉得老去是多么令人难以接受的事。她风采依旧，还多了一些让人不能用言语表达的魅力。

这让我想起那个生活在澳大利亚，被称为“世界礼仪皇后”的琼·达领·霍特金斯。

她1927年出生在澳大利亚，如今已经93岁高龄，虽然年逾古稀，但她的生活却远比一般人更加精彩。即使皱纹已经写满了她的脸颊，她仍然会穿上最时尚的衣服并戴着高雅的帽子出门，有时会去酒吧，有时会去西餐厅，有时会去剧院，这样一坐就是一下午，享受一个人的下午茶时光。对她而言，家的舒适感和浪漫感是必不可少的。她会买一些新鲜的东西来装饰自己的房子，让自己处在赏心悦目的环境之中；每天用心的打扫让家里的东西几乎看不出使用痕迹。一份自制的精致早餐带给她每天的仪式感，翻阅时尚杂志是她的日常，偶尔，她也会到美容美发店为自己换一个中意的发型。此外，她也会做一些新鲜的事让自己的生活充实起来。

人都有老去的一天，岁月会无情地带走她曾有的美貌和那曾令她引以为傲的年轻的资本，可有些人让优雅成为她老去路上的点缀。这些人的优雅不仅让她们被岁月温柔以待，也让她们赢得了全世界的尊重。

当然，不是谁都能做到优雅地老去，因为人不是到老了才学会优雅。一个一颦一笑间都是优雅的女人，一定是在时间里沉淀出来的。

优雅的女人都有自己独立的时间和空间。她们会在这些时间里用阅读充实自己的头脑，用艺术提升自己的气质，用独处来反思自己的人生。即使是一个人的时候，她们也会让生活充满新鲜感，让灵魂有趣起来，而不是在一个人的时候感觉到百无聊赖。她们从不依附于任何人，而是基于丰富的人生阅历保持着自己独立的思考与判断，她们能掌握自己人生的方向，不会因外在的言论而轻易改变自己的想法。

优雅的女人从不炫耀自己。她们不会因为穿着高档的衣服或背着高档的包包就觉得高人一等，也不会因为看了一场高雅的演出就到处夸耀自己，更不会因结交了多么高层次的朋友而觉得自身地位提高了……她们只会把高档、高雅、高层次这些词变成追求，选择低调的生活方式。

优雅的女人不一定出身显赫，但一定有一颗高贵的心。她们不逢迎别人也不贬低自己，清楚自己知道什么或需要什么，也清楚自己不知道什么或不需要什么。她们热爱生活，有对这个世界的思考，在追求自我的路上坚定地走下去。

愿你成为一个优雅的女人，净植于清波之上。

从容——宁静宽和以致远

以前发一条朋友圈，我总会反复斟酌，比如风格文不文艺，能不能引起别人的共鸣，会不会有人看了不乐意等，编辑一条朋友圈有时要半个小时。发完朋友圈之后，我还会不停地关注圈内的动态，看都有谁点赞了，数一数评论有多少等。如果我在乎的某些人没有点赞，我就会删掉这条朋友圈。

可是有一天，我的朋友忽然给我发了一条微信，内容大致是“恭喜你，终于从容地做自己了”，原因是我最近发的朋友圈终于换了风格。他说以前看我发的朋友圈都是为他人而发，现在我终于能坦然地做那个真实的自己。

也不知道从什么时候起，我会拿起手机随心记录自己的心情，不会再刻意去关注这条朋友圈会有谁来点赞，更不会为谁没有评论而和他置气，我只是想表达那一刻的感受而已。这样的我确实轻松了不少，节约了不少时间，身心也平静了。

可能真是这样，我的心态就随着我的年龄慢慢地改变了。以前会因为别人有意或无意的赞美而开心很久，或者是为了得到别人的表扬而刻意把某件事情做到很好，但是现在我所做的都是我从心而发的，我会因为做好了这件事而感觉到充实，他人的赞美对我而言不过是一句话而已；我也不会在没有达到预想的效果之后让自己跌入到心情的谷底，然后见谁都不顺眼，把自己一个人闷起来。

或许这就是成长吧，不再一惊一乍，不再大喜大悲，也不再做那些疯狂的小事。这样的方式也许少了些精彩，可我越来越享受这样的状态，因为我属于自己。

我终于慢慢靠近了我向往的人生，放慢脚步，从容地面对生活，也终于获得了内心真正的平静。可我想我与我想要的生活，还有一定的距离。

有一回，公司举办了一个大型的讲座。原本邀请函上的讲座时间是两个小时，结果新人小刘和嘉宾对接的时候出现了问题，让嘉宾讲述了近一个小时就结束。主持人先是让观众休息十分钟，可十分钟之后怎么办呢？人家可都是付费来听讲座的，而嘉宾又急着去往下一个场地。这个活动的策划和组织资格是小刘和别人竞争很久得来的，因为这个讲座举办得成功与否是年底考核评优的重要指标。

除了退钱，小刘想不到其他的办法，她已经完全不在乎年底的考核了，只希望能平息观众的怨言，不影响公司的形象。

临开场的时候，王姐站了出来。她先是微笑着向台下的观众鞠了一躬，然后站在台前自如地开始了她的讲述。当其他员工还在一脸疑惑的时候，台下的观众渐渐地被王姐带入了她的讲述之中。作为一个在公司多年的老员工，这些年的风风雨雨让王姐积累了不少人生阅历，她将这些拿出来和观众分享，对观众而言，就是一种理论与实践相结合的、能被拿来直接运用的经验。

讲座结束，观众掌声的热烈程度不逊于给嘉宾的，而王姐当什么也没发生一样回到了她的岗位。小刘找王姐致谢的时候表达了她的歉意，因为以前小刘在公司里风头正盛的时候并没有从内心里尊重过王姐。在她看来，王姐不过是公司里一个有些资历的老员工，不是领导，也没有背景，而且对自己也没有威胁。

可小刘不知道的是，王姐在这个公司曾有过辉煌，她不过是在拼搏过后把一切看淡了，想寻求一份安稳。不争，不抢，不代表她没有实力。

小刘的道歉也好，致谢也罢，我想，王姐都不会放在心上。对于见过风浪回归到平静的她而言，一切言行都是遵从于自己的内心。

真正的从容大概就是这般，不屑去争，能把复杂的事情云淡风轻地解决；身处俗世之中，却不被俗事所扰；历经世事而依然善待他人。

对从容最完美的演绎，莫过于杨绛先生。这个走到人生边缘的百岁老人告诉我们：就算我们想做一个与世无争的人，可还是会被人欺负；我们想和他人和谐相处，还得学会与人周旋；我们有才有能，还是会遭到他人的嫉妒；我们渴望着惊天动地的爱情，我们费尽心思追逐着名利，“我们曾如此渴望命运的波澜，到最后才发现：人生最曼妙的风景，竟是内心的淡定与从容。”

是的，无论我们怎么做，都会有不同的声音出现在我们的耳边；无论我们怎么小心地生活，总会有不同程度的不如意。既是这样，不如从容地做自己。

善良——予人玫瑰，手有余香

这世间的美有很多种，大体可分为外在美和心灵美。在心灵美中，善良无疑是占据首要位置的。没有人会因为一个人的外貌丑而对他心存怨恨，但我们却会因为一个人的不善良而无情地抨击他。一个其貌不扬的人因其善而越发美丽，越发让人喜欢；一个貌美如花的人也能因其丑陋的心灵而被世界遗弃。若是一个人兼具外在美与心灵美，那大概就是“仙女下凡”了吧！

2018年有一部热播的电视剧叫《大江大河》，剧中的女主角宋运萍被网友直呼是“白月光”，这个女人可谓善良的化身。都说一个人的笑最能折射出这个人的内心，宋运萍的笑就是一种无法形容的干净，仿佛能洗涤人污浊的心灵。她这一生没有做过一件坏事，都是为他人好，也把人往好里想；如果别人对自己施恩了，她会加倍地还回去，这样的女人好到让人心疼。

作为家中的长姐，她把最好的东西都给了弟弟，包括入大学唯一的名额。她很向往外面的世界，但心甘情愿地留在家乡为弟弟的未来铺路。在父亲的身体状况越来越差的时候，更是她一个人挑起大梁撑起了一个家。看着弟弟读大学之后见识增长过上了越来越好的生活，她没有任何嫉妒和后悔，而是发自内心为弟弟高兴。像这样吃得了苦，肯为家里付出，没有私心的姐姐，只能用“极善”来形容。

当她遇到自己的真爱雷东宝的时候，她没有因对方没有文化、条件差而表现出嫌弃，反而用嫁妆帮助他。

善到骨子里的她，也得到了大家的爱。弟弟成了护姐的“狂弟”，把姐姐捧在手心里；老公成了宠妻的“狂魔”，把宋运萍放在心坎上。苦了一路的她，有真心对她好的人，愿意为她豁出命的人，她被尊重，被理解，被幸福包围着。

故事的结局，宋运萍意外死亡。可是这个善良的女人活在了几个人的心中，她的这份善教会她的至亲如何做人。她像一道白月光，永远那么纯洁，明亮，散发着独一无二的柔光。

观众们都在呼喊“好想要一个宋运萍这样的姐姐”“想娶一个宋运萍这样的老婆”“我想和宋运萍做闺蜜”“有宋运萍这样的女儿太幸福了吧”！

是啊，每个人的心都是向往着善的，每个人都愿意和真正善良的人相处。这样的人就是一摊淤泥之中的清莲，那么纯洁，那么高雅，可遇而不可求。

善良的女人是微笑的天使，能让人的心瞬间变得柔软；善良的女人不会因生活的琐碎把自己变得斤斤计较，自怨自艾，反而会把苦难唱成一首歌；善良的女人不会因妒忌长成面目可憎的模样，而是用春风般的温柔来影响身边的人成为更好的自己。她们不矫情，不争宠；她们坚定有力，真诚而有情有义。

在这个几乎人人为己的时代，善良已是一种奢侈品，甚至有人会觉得那些自私自利的人似乎过得比较幸福，而善良的人反而在生活里挣扎，所以，何必为善呢？若是这样，这世间还怎会是人间？因为有了善良，我们才活得有温度啊！

是的，也许你会觉得做一个善良的人总会牺牲自己的利益，也会因为受了委屈而在角落里默默哭泣，又或是在一次次被伤害之后而痛苦无比。

可是，正如正义不会缺席一般，你的善良会成为上天对你最好的眷顾。“灵魂最美的音乐是善良”，当你成为一个善良的人，你就已经在奏响这世间最美的音乐。这样的音乐会在岁月中慢慢渗透进周围人的灵魂，你终会感染他人的心灵。

如果你的身边有一个这样善良的人，请用你最好的真心来珍惜她；如果你就是那个善良的人，请依然用你的善良为这残酷的世间增添一份美好，终会有人看到你那颗闪闪发光的心，你终会被这世界温柔以待。

高晓松对其女儿的寄语是“愿你一生温暖纯良，不舍爱与自由”。爱与自由是我们每个人都向往的，它看起来那么美好。可是在这之前，你依然要做到温暖纯良。只有温暖纯良了，你才能有资格谈论爱与自由，否则就是自私。有了善良做底色的爱与自由，才让这世间有了真正的温度。

气质——给自己化一个最美的妆

阿倩的哥哥阿文是一个很有魅力的男人。年纪轻轻的他就去过几个国家工作，不仅会几国语言，而且在各个国家都有所作为。有了一定见识的人，他的心胸自然不一样，并且容易和人亲近。

阿文就是一个不会在琐事上纠缠的人，他的言行举止都透出来他是个有修养的人。因而，他虽然与我们这些人仅有几面之缘，但我们对他的印象都极其深。这样既有才有颜又有财，并且人缘极其好的男人，使得我们都对未来的阿文嫂充满了期待，好奇怎样的女人能令他倾心。

然而，当阿文嫂出现的时候，却让我们大跌眼镜。相貌平平的她站在阿文哥身边是那么不相称，两人和“般配”二字丝毫不搭边，我们都为阿文哥抱不平。但他们看上去过得很幸福，而且阿文哥对阿文嫂极为照顾。

后来听阿文哥的妹妹阿倩说，追阿文哥的人确实排成了长队，最初她也想不明白哥哥的选择，只是后来越相处，她就越喜欢这个嫂子。嫂子的贤惠自是不用说，家里的一切被打理得非常好，无论什么时候去家里，那种温馨的感觉总会扑面而来。这样的温馨一靠家里的布置，二靠嫂子的厨艺，三靠嫂子的亲和力。阿倩和阿文的外婆生病的时候，阿文嫂主动在医院照顾了半个月，端茶送水，跑上跑下，熬通宵守夜，事无巨细，极有耐心。这大概是阿文选择她的原因之一吧！

阿文嫂的业务能力在公司也是一流的，对待自己的工作，她向来有自己的想法。工作以后，她一直保持着自学的习惯，读书、写字、学语言是日常的生活。

阿倩说，其实嫂子也曾问过哥哥，为什么是她？当时阿文给的答案是，因为她会发光。这样的光或许指的是工作上的拼劲，或许指的是根植于心底的善良。

我们常常会有这样的疑惑：一个我们认为优秀的人，他的另一半看起来是那么不起眼，为什么他会有这样的选择？那是因为我们的目光只停留在了表面。一个人能吸引到另一个人，一定是他在她的身上找到了光。这光并不是上天给予她的容颜，而是她自身的气质。这气质能让人与众不同，具有独一无二的吸引力。

杨澜在参加央视女主持人选拔的时候，曾被面试官问到这样一个问题："你觉得自己漂亮吗？"杨澜不紧不慢地回答："我不算漂亮，但也不丑，我觉得自己挺有气质的。为什么女孩子一定要漂亮呢？"在她看来有气质是比漂亮更重要的事。

后来的主持之路上，杨澜确实凭着自身的气质给观众留下了深刻的印象。她的妆容向来不浓，服装也很素净，这种没有刻意修饰的美反而透出一种"清水出芙蓉，天然去雕饰"的高雅。在看她的访谈录的时候，我们总是能因她的亲和力而和她瞬间拉近距离，也被她的睿智所折服。但这都是她的闪光点。她曾为了采访基辛格博士而花了很多的时间通读他的作品，只是为了采访时能不问愚蠢的问题。正是这样的用心，她才能在这个岗位上积累丰富的专业知识，入围"中国最具智慧的女人"。这独有的智慧让杨澜活出了属于她的那份美，美到无法复制。

中国台湾一位名化妆师曾说："化妆只是最末的一个枝节，它能改变的事实很少。深一层的化妆是改变体质，再深一层的化妆是改变气质，多读书、多思考、多欣赏艺术……"表面的妆容必须及时卸掉，它只美得了一时，但用气质化出来的妆容是刻在一个人的骨子里的，足以美一世。

中国台湾作家林清玄也曾坦言他的看法：“三流的化妆是脸上的化妆，二流的化妆是精神的化妆，一流的化妆是生命的化妆。”

愿我们都能用气质给自己化一个最美的妆，温柔时光，惊艳岁月。

第四章

飘落到世间的天使

一个女人之所以让人难以忘怀，或是因为她出众的气质，或是因为她美丽的容颜，或是因为她超前的时尚感，但更多的却是因为她那份独有的大爱。大爱会让一个女人散发出无与伦比的美丽，而她那颗天使般的心灵则会让全世界都为之动容。

美丽的心，美丽的世界

曾经有一个手艺人，他最擅长的就是雕塑。他常雕的是妖魔鬼怪一类的东西，因其雕得栩栩如生，他的生意特别好。

随着他的名声越传越远，来找他雕塑的人越来越多，靠着这个他发了财。可是有一天，他在镜子里发现他已经不是原来的自己了，变得丑陋、古怪、凶神恶煞。

为此，他茶饭不思。终于，他决定向寺庙的长老求助。长老听了他的烦恼之后，答应施以援手，但前提是这个手艺人要为长老雕刻几尊不同神态的观音像。

为了得到长老的帮助，手艺人停下生意来专心研究观音。观音的来源、故事、神情、品性等，他都一一做了记录。渐渐地，他全情投入在这件事之中。等他把几尊观音像雕出来，已是半年之后。那几尊观音慈悲、善良、大度，让人看着就心生善意。就在这时，手艺人发现镜子里的自己居然也变得端庄大气了。

这就是相由心生的故事。生活中的我们又何尝不是如此呢?

我们的心是怎样的，我们呈现出来的模样就是怎样的。心中装着友善，你的气质自会给人舒服的感觉；心中若是平和，你呈现出的就是温暖柔和的一面；而性格格外粗暴，你给人的感觉就是不靠谱；若是小肚鸡肠的人，呈现出来的就是一种刻薄感。

让人舒服的温暖柔和的人自然能吸引他人与之相处；而面露凶相或看上去小肚鸡肠的人自然会拒他人于千里之外。我们的气质已经在一定程度上决定了人与人之间的缘分。所谓的“一见钟情”并不仅是钟情于外在的颜值，还有这个人的气质。

有的时候，我们透出来的气质还能影响我们的事业。诸多企事业单位的招聘启事上都有“形象气质佳”这一条，你的气质从某种角度而言就是你工作的敲门砖，有些工作甚至特别要求要具备“亲和力”、举止要“大方”等。

既然气质对我们的工作和生活都有不同程度的影响，我们就需要塑造出独属于我们的气质。人的前半生活在原生家庭的影响下，后半生的命运多由自己掌控，改变自我的气质需从心而发，需要有自我改变的勇气。

慈悲心是相貌的一个重要影响因素。俗话说：“命由己造，相由心生。境随心转，有容乃大。”如果一个人有慈悲和宽容之心，那这个人的心境会越来越平和，她的相貌自然也会舒展、温和，会让他人越看越顺眼，越看越想接近。她的脸上没有刻薄，仿佛岁月对她也格外仁慈。

如果她有的是一颗斤斤计较的心，她就会在一地鸡毛的生活中被琐碎的小事磨得满脸憔悴，磨成一副充满怨念的样子。

如果你想了解一个人过得怎样，你无须通过她的言语，只需要在她的面相上寻找答案。你的面相会把你的过往都写在脸上，她的亦然。如果你想知道一个人适不适合成为你终生的朋友，她的面相也告诉了你，她是否温暖纯良。

我见过的最有气质的女人

随着年龄和阅历的增长，一个女孩会逐渐褪去青涩而凸显出成熟的气质。因而在生活中，每个人的身边或多或少总会有这样或那样有气质的女孩，她们有的腹有诗书，有的勤劳贤惠，有的蕙质兰心，有的能力超群。也许我们都见过这样有气质的女人，可若说是最有气质的，在我心目中非“林妈妈”不可。

林妈妈是公司的退休员工，被公司返聘。尽管已经接近花甲之年，她的气质仍让她美出了不一般的高度，与那些年轻的美女相比毫不逊色，吸引了一众粉丝。

一个人的服装体现出一个人的品位，一个人的气质需要服装来点缀。林妈妈对有民族元素的服装有一种执着的迷恋。在那些“花枝招展”的女性堆里，她的每一次出现都会让人眼前一亮，尽显中华女性的典雅。细数她的服装和配饰，有淡雅的丝绸长裙、不同风格的旗袍、精致的丝缎和刺绣工艺的手包、绢纱外套、丝麻披肩、棉麻短裙等。每一套都与众不同，让她优雅与婉约并存，完美地诠释出了东方风韵。

如果说她的着装只是外在的典雅，那她的才情就是内在的优雅。

林妈妈出生在一个艺术家庭，父母都是文艺工作者。耳濡目染之下，她有了深厚的艺术知识涵养。她会剪纸、会刺绣、善书法，平日里大伙都在刷抖音、微博的时候，她就会练练字，给办公室增添一些墨香气；偶尔她也会给同事们送一幅她的剪纸作品；她家中的装饰品都以刺绣为主。

每当公司有文艺活动的时候，林妈妈总是出来撑场面，她不仅能和不同层次的人进行文化层面的交流，而且随时秀得出才艺。林妈妈乐意做这些事并不是为了出风头，而是她喜欢传播文化。

“有女同行，颜如舜英”“彼美孟姜，德音不忘”，真正的气质女性不仅应有颜有才，更应有德。林妈妈就是因为有美好的品德而得来这个称呼。对她来说，每个年轻人都如她的孩子一般，她从不以自己的资历来倚老卖老。但凡能教给年轻人的，她知无不言，言无不尽；但凡有年轻人需要她帮助的，她一定挺身而出，尽力而为。她给年轻人煲汤、做营养餐、讲健康知识等。在工作之余，她以个人的名义向山区的孩子捐资助学，闲暇时间，她会开着车前去陪山区的孩子们玩玩游戏，分享一下城市里的新鲜事。“德高望重”这几个字在她的身上完全能得到体现。

“气质绝佳”“上得厅堂，下得厨房”“端庄大方，人美心善”是同事们对她的评价，“这样的员工让公司更具魅力”是领导们对她的评价。

一个女人，能将古典美与现代美集于一身，有独立的人格，有超出一般人的工作能力，宜室宜家，这样的女子得修炼出何等的气质啊！

女性之美，千姿百态。有气质的女人，能让世界为之倾倒，为之喝彩。作为平凡人的我们，也许修炼不出这样的气质，可并不能因此而放弃修炼。我们也有我们的圈子，我们应在这个圈子里朝着气质出众的方向努力，让自己在这个领域里闪光。“欲戴皇冠，必承其重”，如果有一天你要走向一个更高的平台，你是否有控制住全场的气质呢？

当然，最终决定气质的权力在我们自己手中。别只顾着低头走路，偶尔抬头看看你身边那些有气质的女子，感受她们身上散发出的魅力，然后激励自己成为一个有气质的女人。

你温柔的样子真的很美

不知道从什么时候开始，我们身边出现很多负能量的人，这些人都不知道怎么了，一副苦大仇深、紧皱眉头的样子，仿佛从来没有真的开心过。

生活中不可能事事顺遂，但也不可能事事不顺。许多人即便在顺遂的时候也想着不开心的事情，所以不管发生多好的事情，他们笑起来都是那么勉强，从他们的表情里就能看到内心的悲苦。

晓文捧着咖啡杯坐在我对面："你是不知道我们家经历了多少坎坷，差点整个家都不在了，好在我老爸这个人的脾气比较好，我妈也醒悟了，现在我们一家三口特别幸福。"

原来晓文从生下来身体就不好，比同龄的小朋友脆弱很多。家里想尽办法为她治疗，跑遍了各大医院，晓文的病情还是没有好转。

晓文出生之后整天哭闹。那时候晓文的爸爸在邻近的城市工作，只有周末会回来，所以晓文平时就由爷爷奶奶照顾，因为妈妈也要上班。

尽管老人已经尽力了，晓文的体质依然不好。

晓文的病情很奇怪，白天还好，一到晚上，哭声就像要断气一样，断断续续。那时候晓文的妈妈每天都心惊胆战，怕晓文就这样没有了。

好在晓文坚强地活了下来，但晓文的妈妈因为过度担心，心态也没有那般豁达了。

很多次晓文妈妈半夜抱着晓文叫出租车去医院，往往等晓文打完点滴之后，到家天也就亮了，第二天工作还不能耽搁。

一个女人照顾容易生病的孩子的辛苦不言而喻，这种压力最终让晓文的妈妈不堪重负。

晓文爸爸知道晓文妈妈内心的痛苦，所以在晓文妈妈委屈哭泣的时候，总是对她特别照顾，也遍访名医为女儿治病。

后来晓文的妈妈渐渐失去了耐心，脾气也变得越来越大，除了对晓文还好一些，对其他人简直像爆竹一样一点就炸。

晓文爸爸知道晓文妈妈一个人带孩子辛苦，压力大才会这样，就申请把工作调了回来。家里人都以为晓文的爸爸回来了就会好一些。

但是不是这样的。晓文妈妈反倒干脆把这些年受的委屈都推到了晓文爸爸身上，菜不好吃摔盘子是其次，还经常打骂晓文的爸爸来发泄心中的不满。晓文爸爸怎么说也是单位里的领导，晓文妈妈一次两次的打骂他能包容，但是时间长了，也就渐渐不理解了。

开始的忍让带着愧疚和爱，但是晓文妈妈那时候并不领情，变本加厉地说着伤害晓文爸爸的恶毒话语，有几次还因为打闹，在晓文爸爸脸上留下了伤口，虽然只是指甲划伤，但是对于第二天要上班，而且在单位还是领导的人来说是真的有些难堪了。

那一天晓文爸爸摔门而出，没有再顾忌晓文妈妈歇斯底里的哭闹，直到半夜才回家。

那天，晓文妈妈格外委屈，她觉得晓文爸爸已经不爱她了，就收敛了一点。晓文爸爸对妻子还是十分爱护的，看晓文妈妈脾气好转了，还是像以前一样对待她。

但是没过多久，晓文妈妈又因为鸡毛蒜皮的事情又和晓文爸爸吵架。

晓文妈妈的吵闹越来越多，终于有一次晓文爸爸忍无可忍摔门而出，这一次的摔门而出，宣告着这个家往支离破碎的方向走去。

从那以后，晓文爸爸不再像从前那样顾及晓文妈妈的感受，对晓文妈妈越来越淡漠。

晓文妈妈受不了这种冷漠，变本加厉地哭闹，就连邻居都说，他们家三天一小吵、五天一大吵是正常的。要是有一段时间没吵架，邻居倒是觉得奇怪了。

在这样的气氛下，晓文虽然年纪还小，但是也能感觉到父母之间那种来自心灵深处的分歧，小小年纪的她也变得心事重重。

晓文爸爸知道女儿的心事，想努力缓解家庭矛盾，多次找晓文妈妈沟通，可是那时晓文妈妈什么都听不进去，只知道胡搅蛮缠。

那时候晓文爸爸也身心俱疲，最后连晓文的外婆外公都看不下去了，他们训斥也好，开导也罢，晓文妈妈就是听不进任何话。

晓文的外公外婆只好对这个女婿更加好，让他为了家庭一定要多包容和忍让，尽量让晓文在一个健康和谐的环境下长大。

后来晓文渐渐大了，上高中的时候，小时候体弱多病的她竟然奇迹般地健康了。这本是一件让全家人高兴的事情，但是晓文的妈妈还是老样子，那时候晓文都不敢和妈妈说话，因为她说不敢看妈妈的脸，书上说妈妈总是慈祥温柔的，但是她从来都觉得妈妈脸上带着戾气，让人不敢靠近。

后来，他们家交了一个朋友。那是个非常豁达的人，在他们家的时候经常逗得晓文哈哈大笑，晓文妈妈那时候因为这个朋友的原因，表情也罕有地柔和了起来。

一次，晓文妈妈心情不错，穿着新衣服照镜子。晓文跑过去搂着妈妈说：“妈妈，你温柔的时候真美，我最近在学画画，我想把你温柔的样子画下来。”

晓文妈妈当时一个激灵，愕然发现自己因为常年不开心导致了损伤身体不说，整张面孔都没了曾经的灵动，只剩下高耸的颧骨、深陷的大眼，里面透着疲惫和无神。

实际上除了女儿身体差一些，其他的事情都很顺遂。自己为什么把自己变得这么丑？

从那天起，晓文的妈妈好像突然解开了心锁一样，对任何人都十分温柔，尤其对晓文的爸爸更是温柔。

晓文的爸爸终于见到妻子恢复从前的性格，也更加珍惜。

晓文对我说：“真的，我发现我妈现在真的很美，以前我在她脸上看不见这种美，我特别想把我妈的这种美记录下来。”

一个人的性格脾气或多或少都会改变自己的容貌，既然生活本来就会时起时落，我们不妨时时刻刻都温柔以待。

至少我们温柔的样子都很美，不是吗？

气息里透着整洁的人

每个人生活习惯不同，所以家里的环境也是截然不同的。有的人能把豪宅住成垃圾场，也有人能把寒舍打理得整洁清新。

大多数人都喜欢整洁的环境，因为在这种环境中内心会自然地平静安稳。也有些人表面上喜欢整洁，但却不愿意为整洁的环境付出丁点儿力气。

我的前同事盼盼，我和她共事了一年多，要问我对她的印象，我的第一反应就是邋遢。我所说的邋遢并不是她每天衣衫不整，蓬头垢面。相反，她每天都化着精致的妆容，衣服也都很漂亮，还喷了香水。

盼盼极会卖萌，经常拍一些“粉色少女系”的照片发到朋友圈，一眼看去就是个“少女心爆棚”的萌妹子。

然而当近距离接触后，你对她的认识会天崩地裂。

有一次，我穿着一件新的白色连衣裙上班，几个女同事一致赞叹这裙子太符合我的气质了，漂亮。盼盼和我身材最为接近，我们俩都属于纤瘦型的身材。于是，盼盼非得要我把裙子脱下来给她试试。我当时额头冒冷汗，对她说要不第二天我洗干净拿来给她试，盼盼说没事，就去卫生间把门关上试。

我又不好驳了她的面子，只得勉强去卫生间。说实话，我真的不习惯在别人面前脱衣服，哪怕都是女孩子，跑到厕所脱衣服试衣服还是满满的尴尬。

盼盼没有什么感觉，我不禁暗骂自己太矫情。但是正在我自我反思的时候，盼盼换衣服时直接把我的新裙子扔在马桶上，是公共厕所的马桶上。我顿时把裙子拿起来，告诉她我还要穿，今天没带其他衣服，这样太脏了。盼盼茫然地看着我说："就是放一下，有问题吗？"

那一刻我明白了，不是我矫情，是盼盼的生活习惯就是这样。心中小小的疙瘩，让我那一整天都特别别扭，感觉裙子上全是马桶的味道，心情灰暗。下班到家第一件事就是冲进洗澡间洗澡，并用消毒液把裙子洗了。

盼盼人很热情，有一次她请我去她家里做客，她开门的刹那我头晕目眩。满地满沙发的衣服、袜子、包包，里面夹杂着垃圾，还有好几个袋子里装着过期的食物，散发出怪味，混着盼盼在家洒的香水的味道，让我瞬间干呕了起来。

盼盼问我怎么了，我只得说我早上吃坏了东西，胃着凉就是这样。盼盼好心给我烧开水喝，我怎么也喝不下去。那天谢天谢地，我和盼盼是在她家楼下的餐馆吃的饭，不用在她家吃饭。

那一次真正颠覆了我对盼盼的印象，一个“少女心爆棚”的萌妹子的住所竟然比垃圾场好不了多少。我不知道这样的习惯是怎么形成的，但是在这样的环境下生活真的好吗？

我的另一个朋友可儿就不一样了。可儿这个人平时看着很安静，穿衣打扮不出挑，但是每件衣服都搭配得很舒服，也不化浓妆，总是清清淡淡的。走近她身边，你会闻到一股淡淡的清新的味道，我一直认为这是洗衣液残留的香味。

一次，我去可儿家附近办事，可儿便请我去她家吃顿便饭。一踏进可儿家里就像置身于一片清新的小天地之中。可儿穿着素净的淡蓝色棉质家居服，给我从鞋柜中拿了软底拖鞋。她家里一眼望去，一尘不染，我有些不好意思进去，怕弄脏了她家。

可儿抿嘴一笑，告诉我别这么拘束，沙发椅子都有垫子的。我放心进了可儿家，她燃着檀香，让人感觉莫名的宁静。沙发、桌子、椅子都有田园风的布艺垫。

阳台上她养了些花草，兰花正开得茂盛。她家不大，一室一厅。厅连着阳台，阳台俨然被她装扮成了小小书房兼茶室，她请我在阳台喝茶、晒太阳。

书架上的书摆得整整齐齐，从上面垂下的到如今我也不认识的蔓藤植物一直垂到地面。细看她家，各个角落都摆上了不同的植物。有些植物的叶子上面还插了两枝假花。

我惊叹地打量着这个不大的屋子，可儿笑嘻嘻地说，她喜欢自然环境，因为住在城市里没办法，只好把自己家装扮得跟森林一样了。这样一回家，就感觉自己回到小森林里了。

我心中暗暗佩服可儿是个居家小能手，田园碎花系列的布艺加上各种绿色植物，的确让人感觉置身在自然之中，一下子感觉内心无比安宁。

可儿让我随便找本书看，她给我沏了茶，就去厨房忙了。大约 40 分钟，可儿招呼我吃饭了。

只见厨房所有器具都摆放整齐，没有一只脏锅，灶台干干净净。可儿笑着说："我受不了脏乱，所以一边做饭一边就抽空把该洗的、该擦的都弄干净了，这样吃饭心情也舒畅。"我们就着轻音乐吃了顿饭，虽然只是简简单单的饭菜，但是我感觉就像在环境极好的西餐厅吃烛光晚餐。

其实从表面来看，盼盼无疑是更漂亮的。但若论相处，我想所有人都更喜欢和可儿这样的人相处，她的从环境到内心的整洁，让人感觉很舒服。

很多时候大家第一眼看到的是一个人的容颜，但是一个人的整洁比美丑更重要，跟气息里都透着整洁的人相处起来才真的让人舒服。

精致的生活是对自己负责

朋友圈里面每天都有人像发布通告般地跟大家说，他今天吃了什么，去了哪间餐馆，买了哪件名牌衣服，去了哪里旅游……好像要告诉全天下人，他们过得有钱又潇洒。我一直对这种炫富行为不予评价，毕竟有些人需要让别人知道他们有钱。

如果一定要说精致的活法，我认识的人里面还真有一个这样的人。倩云，是我认识的人里面把生活过到极致的人。倩云并不是非常有钱，只是个普通的上班族，她只是很认真地对待生活中的每一件小事。

第一次见倩云，并不会感觉这个女孩有什么特别的地方，她把自己的短发梳理得一丝不苟，整个妆容都很自然，仿佛与她的发型和衣饰搭配浑然一体，没有特别出挑的地方，却让人百看不厌，给人一种舒服的感觉。

一个精致的人，心思也是极为细腻的。她总是能恰到好处地照顾别人的感受，没有刻意，没有讨好，也没有居高临下，只用那种淡淡的、平平的感觉，就能无声地化解尴尬。

一次，我们在露天咖啡馆喝咖啡，结果同桌的毛毛和大江吵了起来，原因竟然是两人对找男友的看法不同。毛毛受过伤，潜意识认为大多数男人不好，大江则是对爱情充满了憧憬。

毛毛说不过大江，两人就杠上了，大江口才没有毛毛好，情急之下说了些很伤毛毛的话："你自己眼睛没长好，找不到好男人，就阻止别人有爱情，你这是心理疾病，得治。"

本来朋友间开玩笑的话，谁知道毛毛听了瞬间眼睛红了，我和大江都有些手足无措，大江一个劲儿地道歉，也没能止住毛毛的泪水，这中间倩云一句话都没说。

她从包里拿出了小本子，在上面三笔两笔地画了两个漫画人物，一个是毛毛，一个是大江，两人搂在一起互相安慰。

倩云抿嘴笑着把本子递给毛毛："要我说呀，你俩还真是闲得慌，为了都不认识的虚无缥缈的人，两个好朋友竟然吵嘴。"倩云说完咯咯笑了起来。

毛毛和大江也不好意思地笑了起来。这本是很小的一件事，倩云没有说谁对谁错，又幽默地化解了这个小尴尬，在我看来就是她心思细腻。

倩云每周的时间都是安排好的，哪怕平时上班，空闲时间不多，她也会早起40分钟，把提前搭配好的衣服饰品穿戴整齐，再把头一天晚上洗好的水果扔进榨汁机，把面包或者其他食物放进加热工具里加热。有时候她也会煮碗鸡蛋面或者馄饨之类的汤水食物。

这个时间空档，她会细细地给自己化个妆，吃完早餐，略微收拾再出门。她出门前会环视家里，目光触及之处都是整洁的才会出门。

当我吃着油条，喝着豆浆，打开电脑的时候，倩云已经进入了工作状态。“真不知道你每天几点起床，一大早还要做饭，想想就痛苦。”我一边吞咽着油条，一边对着倩云咕哝。

“外面的食物不干净，我尽量不吃，自己做的至少油是干净的，身体少摄入点不健康的食物，负担小一点。”经她这么一说，我看着手里油乎乎的油条，不知道该吃还是不吃。

倩云每周六会用上午的半天时间给家里做大扫除。我说她家里够干净了，真的不需要这么勤奋地做大扫除，倩云却对我说，家里有一丝灰尘和脏乱都会影响她的心情。好吧，我手扶额头，感觉自己就是住在“脏乱差”的环境里。

每周六下午是倩云休整的时间，她会给自己调配各种药汤泡澡，也会细细地对着镜子修眉，做皮肤清洁，敷补水面膜。

她还会将特殊的油抹在头发上，自制发膜，理由是外面的发膜和面膜化学成分太多，尽量少用。好吧，有这大半天的时间，我不是呼呼大睡就是愉快地打游戏，但是人家倩云就是这么执着，一直如此，让我佩服。

不过，话说回来，倩云的皮肤确实是我们几个朋友中最好的，看上去干净清透。有一次我们中有人买了一瓶可以去污垢的面膜。那个面膜谁抹后都会搓下来一层污垢，唯有倩云脸上干干净净，直到那时候我终于相信，倩云每周六花那半天时间保养是如此值得。

一次我们去倩云家做客，她烧水给我们泡茶，我提醒她茶壶盖子没盖上，她竟然对我说，如今的水质都好不到哪里去，她是故意开着盖子烧水的，因为在烧开过程中，水蒸气会带走对身体有害的矿物质，只留下对身体有益的部分。好吧，这个理论我是第一次听说，但是应该能说服我。

话说回来，的确很少看到倩云感冒发烧，我想和她的生活习惯也有着莫大的关系。其实无论怎样，倩云都是一个把生活细节过到极致的人。这样认真地对待生活中的每一件小事，本就是对自己人生的一种负责。

一个人的精致是从骨子里散发出来的，一个人的高贵也是从骨子里散发出来的。装模作样的高贵和精致里面都透着虚伪，总让人有那么一丝丝不舒服。只有像倩云这样把精致过到生活中的每个角落的女子才让人感觉舒服到极致。

活成自己想要的样子

这个世界上，大多数人是在庸庸碌碌地生活，虽然繁忙，却多数没有努力的方向，所以即使付出很大努力，最终还是找不到方向。

我曾经的一个领导，现在虽然不总联络，但是与她相处的日子里，我学到了很多工作和生活中的方法与道理。虽然她是我领导，但我一直叫她涵姐。

涵姐出身优越，据她和我说，她从小就是学霸，能与她比肩的全校也就那么两三个人。说真的，看着涵姐，我总觉得她不真实，是那种完美到不真实的人，但是我确信她没有在我面前刻意伪装什么。

其实她大不了我几岁，我只记得她让我做的工作即便我完成得很糟糕，她也能够以最快的速度整理成一个“超级 PPT”，然后给董事会有逻辑、有规划地汇报，全程有条不紊，她说的内容还能汇入很多我没有查阅过的资料。

最关键是涵姐长得特别漂亮，她身上有一种庄重中带着贵气的美，加上那自信与包容的气质，不论男女都愿意与她多亲近。

让人印象深刻的是，不管多么难解决的麻烦，到她手里总是能够巧妙地化解。她平时处理的事情非常多，管的范围也很大，但是我却感觉不到她很忙碌。后来她告诉我，她一般只是抓重点，她看似不做什么，但是大多数时间都在思考，很多事情重点抓到了，她自然而然就能把思路理清楚，并用自己的方式完整地呈现一个案子的前因后果。

我那时候对她的逻辑推理能力佩服得五体投地，但是涵姐告诉我，在她手里看似十分简单的事情，到了别人那里做不好是有原因的。她告诉我，搞逻辑推理需要心特别细，除了抓重点，还要将各种知识都装在自己脑子里，要不然面对董事会也会无话可说。

那时候我才知道，她是在人看不见的时候下了功夫，她看了大量的资料。她告诉我看资料也是有讲究的，一定要自己先把一件事情理清楚，从重点看到细节，这样才会在最短的时间内解决一个棘手的问题，第一时间判断正确很重要。

我大为佩服地请教涵姐这些都是怎么学来的，她告诉我不是一朝一夕就能速成的，而是日积月累的结果，谁也不是天生的天才，所谓天才不过是努力的结果罢了。

涵姐告诉我，一个人的思考能力比学习能力更为重要，一个人在职场或者生活中想走正确的路，一定要看清这些事情背后的逻辑，或者说可能发生的意外，以及评估自己处理这些意外的能力。

有段时间，我知道有个非常有钱的富二代在追求涵姐，至少看起来非常有诚心。我跟涵姐说，干脆嫁给这个人做个少奶奶算了，至少后半生会过得比较舒服。涵姐笑着对我说，我不拒绝嫁给这样的人，但是女人一定要有一种能力，就是你不嫁给这个人也同样能够过得很好。

我听后震惊了，多少人梦想嫁给这样的人，涵姐却轻描淡写地告诉我，女人其实还是要靠自己。

那时候我并不太理解涵姐，但是我知道她一直都在默默地努力。她对金融行业熟悉，所以自己时常做些投资。另外她生活经历丰富，文笔也好，自己一直在写文章，但她从来没告诉我她在写些什么。

在我和她分开三年后，有一天我翻看她的微博，发现她的新书出版了，并且会拍成电视剧，她还在微博中征求大家意见，女主角选谁更合适。这时候我才发现，涵姐从来都是稳稳地走着自己的路。

我没有去打扰她，有一次我和一个认识的人聊天，才得知涵姐嫁给了那个富二代，但是她仍然做着自己的事情。她在婚后没有耽误生孩子、写书、投资等事情，并在这期间，很成功地经营着一家小企业，还成了地方上的人大代表。

很多人可能会认为涵姐的这些光环是她有钱的老公带来的，但是了解涵姐的人都知道，她的这些成就和她那个富豪老公没有关系，是因她在任何时候都坚持自己的生活方式得来的。

几年前她和我聊天时说过这样的话："人活一世，总要活成自己想要的样子，任何情况下都不能把自己变成一个没用的人。"

涵姐比普通人有更多的资本、更强的能力，但是她一直在努力地活得更好。我们很多人在生活和工作中都会有委屈的时候。我相信涵姐也遇到过困难，但是她仍然坚持做自己想做的事情，也最终以成功的姿态站在这个社会中。

所以没有她优秀，更没有她拥有的资源的人，是不是更需要努力？许多时候，努力可能暂时没有结果，但是不努力肯定没有结果。人生总是要在不同阶段做不同的努力，时间也会让曾经的努力化为成功的果实。

我不喜欢用这些看似激励的言辞来说教，但是所有的人都有他们成功和失败的原因，即便你没有涵姐这样优秀，但是只要努力了，你肯定会相应地得到一些成果。

即使环境不理想，也不去凑合

小茜在朋友圈里晒着鲜花和蛋糕，看上去幸福满满。说真的，我对于生日、节日什么的没有多大的感觉，但是，我却知道小茜的真实生活。在这个年代，“投胎是个技术活儿”这话说得别有深意。生在一个较好的家庭，或许人生真的可以少很多很多波折。

好在上天给了女人两次机会，第二次投胎就是婚姻。好的婚姻，可以让人容光焕发，越活越年轻；糟糕的婚姻则会让人消沉邋遢，失去本有的容光。

现在，我来说说小茜的“两次投胎”吧。第一次也许和大多数人一样，小茜出生在一个普通的工薪家庭，家庭和睦，有父母疼爱，虽说不是含着蜜枣长大，但是也没吃过苦，该有的都有了，活得轻轻松松、快快乐乐。

而小茜的第二次投胎就没那么好运了。年轻的时候，她总觉得爱情至上，不听从父母劝告，毅然决然地跟了个自认为能给自己幸福的男人。

大勇是小茜的爱人，我见过他两次。他说起话来很是圆滑，人看上去还不错，对小茜也还可以，只是对家庭的责任和担当少了些。

小茜和孩子生活在燕城，孩子上学，小茜就找了份零工，当了售货员，一边照顾孩子，一边挣些钱。

在房价居高不下的情况下，小茜的工资刚好够交房租的，其他一应开销都指望着老公大勇的工资。

大勇一个月不到5000元的工资，每月光是抽烟、吃饭和与朋友喝酒，自己就要用掉2500元左右。留给小茜和孩子的生活开销不超过2500元，有时候还要支出些人情往来什么的，想存下点钱难如登天。

结婚10年家里没有存款就算了，可是他们就连属于自己的房也没有。

大勇在隔壁城市工作，一周回来一次，有时候两周回来一次。在家的时间一般躺在卧室打游戏，小茜愁容满面地和我说的时候，我心里暗骂这个男人太没有担当了。

后来见了大勇两次，我暗暗发现，大勇圆滑的背后是对生活的无奈，更是逃避。所以他理所当然地让妻女过着居无定所的生活，不去面对生活中需要承担的责任。

小茜和我说，他们曾经是有机会买房子的。刚结婚那会儿，小茜的父母实在是不愿意见自己的女儿受苦，愿意拿出全部积蓄，资助他们买房。

但是，当初即便是小茜父母拿出全部积蓄，还是差了不少钱的。小茜的父母希望大勇的父母能帮衬点，或者能从亲戚朋友处借点钱，结了婚总要有个住处的。

但是大勇的妈妈当时一口回绝了，因为他们就存了这么点养老钱，不能因为儿子买房都拿出来，再欠下债务。

当时的小茜也不忍心父母多年积蓄一分不剩，就没有买房子。本来想两个人靠自己慢慢努力总会买上房子的，没想到这一等就是10年，后来因为生孩子、工作不稳定等，他们如今不但没有房子，连积蓄也没有。

不停地搬家、找房子、收拾新租的房子，小茜开始还觉得没什么，这一切好像都是正常生活中的一部分。但是时间越长，她越是感受到生活中的艰辛和无奈。

再后来小茜也试图和大勇商量买房子的事情，表示自己可以从娘家借到一部分钱。但是大勇不愿意背上还房贷和生活的双重压力，不同意买房。

就这样，房价飙升加上家庭本身的情况，孩子都10岁了，他们还在租房生活。从幼儿园到小学，孩子每次上学报名都无比艰难。

今天我看到小茜在朋友圈里晒鲜花和生日蛋糕，为她高兴，也为她感到些许失落，因为这鲜花和蛋糕是她远在千里之外的堂姐给她订的。

她生日有人记得是好事，但是她丈夫如果连买个蛋糕也要如此精打细算，需要远在千里之外的她的家人来张罗，是不是也是一种悲哀？一股淡淡的失落感爬上我的心头，我不知道大勇因何如此。

“我打算等孩子念完高中就和大勇离婚，回我父母那边。我家里的亲戚都是做生意的，早就让我回去跟着他们做点事情。但是我不能让孩子在还小的时候心理上受到伤害。”小茜微笑着和我聊着天，虽然漫不经心，但实则内心已经做了决定。

我默默地想着，是啊，有时候勉强去过一段糟糕的婚姻，倒不如自己带孩子。

只是，每个人的人生都是无法多选的，得到了这一样，似乎就错过了另一样，而如果都得到了，或许还是会有遗憾。

可是，生命的意义究竟是什么？是名利、财富、成功，再加上很多很多别的吗？笔者只是一介凡夫，类似这种深奥的问题，虽然也思考过，但终究不得答案；也或许每个人都有属于自己的生命意义吧。

人的一生其实很短，如果人生以百年为基准的话，一年是365天，一百年也不过就是36 500天，得出这个数字的时候，我想很多人都会和我一样吃惊。

小茜在荒废了自己十几年后，依然有信心再去为自己的人生做一次选择，不愿荒废了人生的下半场。所以说，如果生活环境不理想的话，就要想办法去改变，而不是向生活妥协，凑合着活下去。

第五章

做个不断雕琢自己的女子

如果可能，我们都想让自己变得更好。气质虽然“难得”，但并非无法拥有。它“散落”在生活中各个角落，等你有心，等你留意，等你坚持，总会给你不一样的转变。

善于发现自己的不足

“金无足赤，人无完人”是我们最熟悉不过的俗语。世上本无完美之人，优点与缺点并存才让一个人显得更真实。

对于一个优秀的人而言，在生活中不停地完善自我而达到完美是终其一生的目标。他不会因存在缺点而自卑，也不会因优秀而自傲，更不会任由缺点发展。可也有这样一些人，或是只盯着自己的缺点，或是只满足于自己的优点，结果人生越走越偏。

“人生最大的缺点，就是茫然不知自己还有缺点。”这是西方哲学家卡莱尔的名言。一个真正有魅力的人会让优点越发闪亮，也会慢慢改正自己的缺点。

阿萍读大学的时候，是寝室里最胖的。大学那会儿，寝室里其余几个人都享受着恋爱的幸福，唯独她和电脑、零食做伴。可那时候的她并不认为身材管理是多么重要的一件事，甚至坚信“吃喝睡乐”的生活也能等到白马王子。

大学毕业的头几年里，寝室的几个女孩陆续结婚、生小孩，只有她依然单身。如果说能把单身的生活过得有质量倒也是一种能力，可阿萍每天除了宅就是丧，皮肤越来越差，体重只增不减。等了多年，她也没有等到白马王子，就连追求者都没有。随着年龄的增长，阿萍终于意识到自己的问题所在。

她开始调整自己的生活状态。每天晨起跑步，夜间边听电台节目边散步；每周末到健身房报到；平常有空闲时间就和朋友相聚或参与社团的活动；在饮食上以自制的营养餐替代快餐食品；晚间自学各类知识并按时睡觉；小长假的时候也会约上几个朋友到外地游玩……

最初，这些改变对阿萍来说就是折磨，毕竟人最难改变的就是习惯。但理性告诉她，堕落只会让她的人生越来越暗淡。

这样咬牙坚持一段时间之后，阿萍慢慢看到了自己的变化，不仅是身材的改变让自己的颜值提升了，更重要的是她感觉到整个人的精神状态都不一样了。而另一个惊喜是，她在户外活动群中认识了她现在的男朋友。目前，两人经常结伴旅游。

改变后的阿萍看到了一个全新的世界，经历了完全不一样的人生。从前的她过得很舒服，想吃什么就吃什么，想什么时候睡就什么时候睡，宅在家里没有了和外面世界打交道的烦恼，可是最终她也只能活在角落里，“死”在了安逸中。如今的她四处“奔波”，可每一天都是崭新的，整个人都有了活力，认识了越来越多的朋友，去过越来越多的地方，听过越来越多的故事。

是啊，人要是囿于自身所设的“牢笼”，就永远都找不到那个鲜活的自己，只会慢慢被生活吞噬掉。有时候勇敢地踏出一步，生活赐予你的远超乎你的想象。改变不足的过程就是自我魅力提升的过程，白马王子只会在你想象的世界里等着你，只有你足够有魅力的时候，你才能吸引到他到现实来。

“男人不会爱上一个完美的女人。完美的女人只能独自上天堂，而一个有缺点的女人，男人会站在地狱的门口，等着把她拉回去。”曾经我把这句话当作最浪漫的爱情宣言，如今看来不过是一个哄骗无知少女的童话。

如果有哪个女人真把这话当成人生的活法，那她的生活一定是糟糕透了。的确，爱是没有任何理由的，可是如果把希望寄托在爱自己的男人就会接受自己全部的缺点上，那只是女人的浪漫主义的想法。

在其他条件都相同的情况下，如果让男人选择，在恶毒和善良之间，他们会选择善良；在高颜值和相貌平平之间，他们会选择高颜值；在勤劳与懒惰之间，他们会毫不犹豫地选择前者。因为生活不是童话，也不只有浪漫。你必须靠打败不足来不断提升自己的魅力，才能受到生活的青睐。

让身上的资本越来越多，你才会散发更大的魅力。把这些不足变成资本，你就足够富有了。

如果一个女人能发现自身的不足并且承认自己的不足，那她在心理上已是成熟的了。这些主动暴露自身不足的人看起来很傻，却透着认知自我的大智慧。

气质是一件大事

一个女人的美貌可以是天生的，也可以通过后天的化妆、整容等修饰来完善。但气质却完全不同，它既不是天生的，也不能靠简单的修饰来弥补。

如果一个女人没有内在，就算有华丽的服饰和精致的妆容也会给人肤浅的感觉；但一个女人如果有知识和修养，她的言行举止也会让她具有无限的吸引力。

气质不会随着年龄的增长而自然提升。它是日常生活中一点一滴的积累，是需要坚持才会有的。

一个女人的气质不同了，她的生活状态自然就不一样，吸引到的人群也不同，所面对的人和事也不一样。气质也许不能改变命运，但一定能改变生活。

宋美龄是中国近代史上的传奇女性。美，是她一生的座右铭。小时候，她因为圆滚滚的身材有了“小灯笼”的外号。后来为了修炼出苗条的身材，她正餐仅吃水果和沙拉，从不吃不健康的食物，并且每天都要称体重。对衣服，她有着自己的审美，她钟情于旗袍。

读大学的时候，她主修英国文学，兼修哲学，她还选修了音乐、植物学、天文学等十多门课程。家世显赫的她并没有做游手好闲的富家女，甚至比家境一般的人更明白奋斗的意义，于是她将时间花在了提升实力上。

她会六国语言；写得一手漂亮小楷，能写书法扇面；也是一位丹青高手，常举办个人画展。这些才艺虽然花费了很多的时间，但也成全了她的高级审美和品位。

就是这样一个对自我近乎苛刻的女子，凭借着她的非凡的气质在 30 岁的年纪成为那个时代的“第一夫人”。“第一夫人”是一种尊贵的身份，也是万众瞩目的焦点，没有真材实料的人扛不住这样的尊荣。

很显然，宋美龄有这样的实力，她的才华和美貌让她坐稳了这个位置。

1943 年，宋美龄在美国国会上发表演说，毫不怯场，掷地有声，一时间轰动世界。

在国际舞台崭露头角的宋美龄给各国领导人留下了深刻的印

象:“这个中国女人可不是弱者!”是丘吉尔给予她的评价。“一位乱世美人，以女性的非凡情感，影响了大千世界。”这是美国前国务卿基辛格给她的评价。

真正的气质，不是钱堆砌而成的。出生在富贵之家的宋美龄没有安于享受生活，没有一味追求时尚和奢华，而是靠着自律培养自身内外兼修的气质，以才华和智慧来赢得这个世界对她的尊重。如果宋美龄没有培养出与众不同的气质，她也不过是芸芸富家女中的一个。如今，她被写进了历史。

这个世界上没有人是天生的赢家，你想要的东西都需要靠自己的努力去获得。你的梦想有多远，你就要走多远。

没有真正的实力，有些东西就算握在你的手里，你也终会失去它。培养自己的气质，磨掉那些劣根性，成为一个真正优质的人，是一个女人一生的必修课。

当你培养出了属于你的气质，你就是那个拥有生活主动权的人！你的日子会由平淡无奇变得鲜活，你会成为时光里的一道风景。

不艳羡别人，不贬低自己

你是否有过这样的想法：她家那么有钱，家里什么都为她准备好了，她只要过得开心就行，而我做什么都得靠自己；她长得那么漂亮，穿什么都好看，我怎么努力都没有她那么打眼。她怎么就有那么多人追？我到底和她差在哪儿？

在很多人的世界里，总有一个出彩的她。她们不满意自己的出身、长相、生活环境，一直幻想着能过成别人那样的人生，成为别人那样的人。

同事颖儿就是一个随时随地都在羡慕别人而怀疑自己的人。

参加一个比赛，看着别人的表现，她就会在那儿犯嘀咕，“她长得这么好，摆明了有优势”“她专业能力也太强了吧，我怎么感觉我的东西完全不行”“她气场好强大啊，我都不敢上去了”。她不停地自我否定，往往还没比就在心里输了；等她比完了，她就会抓着身边的人问一圈，“我刚刚是不是很差啊”“我有没有说错什么”“我应该没有丢人吧”。

看到身边家庭条件好、长得又漂亮的女孩子找到一个颜值高有才华的男朋友，她就可劲地说：“有的人命运就是这么好，一切好的东西都给她一个人了，我怎么就不是她呢？”如果别人劝她为自己的感情努力，她铁定毫不犹豫地退缩，认为现在的自己不是最好的自己。

要是别人无意间讲了她某个地方做得不对，她的心情瞬间就会掉到谷底，然后找朋友求证她是不是这里不行那里不行，开始循环式地自我怀疑；如果有人稍微给予了一点肯定，她就像找到存在感一般兴奋起来。

颖儿这样的人其实活得很累，明明很努力，可一切都为了他人而活。她长得不丑，可她觉得自己没有别人漂亮；她家里不穷，可她觉得别人都比她有钱……她从来都是拿他人的优点比较自己的不足，随之陷入苦恼。

如果她能停下来欣赏自身的优点，她就会在她自己的优点中找到自信，然后活出焕发的姿态，生活就会在正循环中变得越来越好。可惜，她想不明白。

每一个人都是自己生活中的主角，活出自己的味道就是人生的赢家。世间总会有比你过得舒服的人、比你能力强的人、比你漂亮的人，也总有比你过得悲惨的人、比你能力差的人、比你难堪的人，这些人之上也有人，之下也有人。比是没有尽头的，与其羡慕他人，不如做好自己！

你羡慕的那些人，他们也有不曾被你看到的苦恼；而你在自我贬低的时候，也有人正在羡慕你。没有什么是唯一和绝对的，不过是每个人都有不同的生活方式而已。

一味羡慕别人的人，她一生都会活在他人的阴影里，过着模仿和追随的生活；一味贬低自己的人，她的心里从来都没有被阳光照耀过，她不敢选择想要的和想爱的，她没有和生活抗衡的勇气。这两种思维方式都会导致人生的迷失，会让那些不幸福的因子在心底越积越多。

若把艳羡他人的时间和贬低自己的时间都用来提升自我，你会发现你少了很多无意义的烦恼。只有站在自己的位置上，勇敢地做自己，为自己那个平凡的世界而奋斗，你才能在你那个世界里释放出本应有的氤氲馨香，活出生命的意义。你的内心明朗了，方向清晰了，你就多了一段丰富的人生。

你的人生有了你的味道和风格，才不会留下遗憾！

重视修饰，每一天都容光焕发

人们常用“红颜”来形容女子，大概是因她们美丽、善解人意。古往今来，无数英雄“为红颜竞折腰”或是“冲冠一怒为红颜”。但不是每一个人都能成为大众心中的“红颜”，“红颜”必须是一个有“资本”的女子。

邻近街道的小巷里有一个女孩，她是一个自由写作者。她很少出门，基本宅在家里写作，每次出门的时候不是去图书馆就是咖啡厅。不管我什么时候遇到她，她都是踩着几厘米高的高跟鞋，有时穿的是利落的衬衫，有时是西服套装，有时是呢子大衣，短发、红唇，清清爽爽，完全是职场女性的干练风格。其实，她的工作就是网上交流，和人打交道的机会很少，但是她喜欢保持一种清爽的状态。

偶然的机会，我到她家里看了看她新写的书，得以见到她的真实生活环境。她住的小区是一个旧小区，楼道比较破旧，但她的房内是全新装潢的。书房布置的和咖啡馆差不多，有干花、咖啡机、镂空的书柜、放有抱枕的沙发及一张靠窗的木质书桌。书桌上除了几本精装书，就只有一台电脑。从中，我可以窥见她的工作状态，在阳光下喝着咖啡写着稿，这是颇为享受的事。

她说，她从不熬夜，也从不赖床，到点睡，准点起。写作、看电影、阅读、运动、吃营养餐是她日常必做的事。在他人看不见的地方，能把日子过得精致是对自身最大的馈赠，自由职业最大的优势是自由，最大的劣势也是自由，全靠自己约束自己。

即使无人欣赏，也要每一天都让自己容光焕发，这样的女子值得人尊重。走在人群里，她一定是一眼望去就让人过目不忘的女子，因为她有大量的知识藏于心，有高雅的品位，有很好的身材，有精致的妆容，有从心底而发的自信，有远离俗世的宁静，这些都是令她美到与众不同的最佳修饰品。

反观我们自身，是以怎样的形象出现于这世间的呢？为了赖几分钟的床，来不及化妆就匆匆出门，在路上边走边吃早餐；和同事都相处多年了，衣服怎么舒服就怎么穿，说话怎么痛快就怎么说，做事怎么方便就怎么做；下班回到家不想动弹，就边追着剧边吃着外卖；等到有客人来的时候才勉强收拾一下房子；明明该睡了却绝不放下手中的手机，然后早上又匆匆出门……

这样的生活方式难以令人容光焕发，只能令人疲惫不堪或是一脸憔悴。生活都打理不好的人，从何谈自我修饰呢？没有了自我修饰，哪来的美？

同事虽然是天天见，可不代表他们就愿意接受你随便的样子。试想一下，一个素面朝天、衣着随便的人和一个妆容精致、衣着精美的人跟你一起生活，谁会给予你美的享受和舒服感？答案是显而易见的。修饰自己的同时，也装点了他人。

同样，再亲密的人也不应该口无遮拦。同事相处之初的尊重有时是出于客气，并不是真正的素养的体现，越是长久相处，越是能看出一个人的品质。若是在长久的相处中他人还能感受到你如沐春风般的说话方式、不自私自利的做事方式，这才是你的真形象。

至于早睡早起和收拾房间，这是一个女子自我修饰的最基本标准。只要你尝试过提前睡觉，提前起床，让一切游刃有余，你就会体会到这感觉多好！

重视修饰就是重视日常的每一个细节，不仅重视外表的妆容，也重视和他人相处的素养，以及自我生活习惯的完善。

让每一个日子都容光焕发，你的生活就是一首精致的诗，美得让人一读再读！

让衣品好起来

所谓人靠衣装，中国古代更有“先敬罗衣后敬人”的说法。衣品对一个女人而言，从来都不是小事，人们往往通过你的衣品就判定了你是一个什么水平的人。

一个长相平平的人可能会因为得体的衣品而提升了气质，而一个有长相、有身材的人也可能被差的衣品毁掉。同一个人穿不同风格的衣服，也可能会瞬间从“丑小鸭”变成“白天鹅”。

衣品，就是一个人首要的外在吸引力。

我有一个认识了很久的朋友。她性格很好，非常爱读书，也很上进，但就是对自己的形象很不在意，常常穿着宽松的休闲服，披头散发，从不化妆和佩戴任何装饰品，从高中到毕业工作都是这样的状态。

这么多年来，她一直单身。有朋友劝她稍微注意一下自己的形象，比如把穿衣服的风格改一改，不要总是那么休闲，也可以稍微有女人味一点。但她完全听不进这样的劝告，她认为真实就是最自然的美。而且，她始终相信一个人的内在美才是最重要的，总会有人发现她的才华并真心欣赏她。

其实我们很想让她明白，如果一个人连靠近你的想法都没有，他又怎么来了解你呢？内在的确很重要，但你也需给他人一个了解你内在的机会。你可能很有才华，但你的衣品差、形象差，你吸引不来欣赏的你人啊！一个对自己的穿着毫不讲究的人，很难让他人相信她是一个有品位、爱生活的人！

人们常说大学是所整容院，把一个个青涩、稚嫩的小姑娘变成了气质美女。其实，人还是那个人，就是衣品有了很大的提升。一个穿着帆布鞋和牛仔裤、背着帆布包的女孩，以及一个身穿红色连衣裙、脚踩秀气高跟鞋、挎着手提包的女孩站在你面前，你愿意和谁共进晚餐呢？我们都有过这样的体验，在一堆人中间，你首先看到的不是这个人有多漂亮，而是她的衣品。

“她的衣服好好看啊！”“她穿的衣服好有风格！”“这是什么神仙搭配？”“这衣服好显气质。”……赞美完之后，我们可能还会在各大购物网站搜寻这些衣服的信息，这不就是衣品的魅力吗？

没有人愿意被人称为“土包子”，但如果我们的衣品不跟上时尚的步伐的话，我们就会被时代淘汰成“土包子”。时代在进步，衣品也必须随之提升。当你的衣品到了一定的级别，你会发现日子也有了诗意。

有些人会认为时尚和衣品都是有钱人的事。有钱，并不代表有品位，贵而不雅致，反而是大俗。穿得贵不贵并不是关键，关键在于你有没有穿出自己的风格，有没有属于你的审美观，依然能学习他人的穿搭，依然能用心地选择衣服，依然能穿得得体、精致，依然能体现自己对生活质量的追求，一种精致的搭配和一套适合自己的服装远比混搭在身上的“贵服”有品位得多。

Coco Chanel 曾说：“穿着破旧的裙子，人们记住的是那条裙子；而穿着优雅的裙子，人们记住的是穿裙子的女人。”提升自己的衣品，像塑造你的人品一样来打造你的衣品，做那个衣服背后优雅的女人，你会赢得更多的尊重！

良好的形体仪态，赋予你仙气

如果说一个人的好衣品能在人群中瞬间吸引到众人的目光，那一个人良好的体态就能将这目光牢牢地锁在她的身上。所谓的仪态，就是人在日常生活中的坐、站、走的姿态，还包括声音、表情等。

良好的形体仪态，让一个女人自带仙气；反之，则会让人自毁形象。

同样是在图书馆看书，有人埋着头、驼着背，读成了书呆子的模样，有人却用笔直的坐姿读成了女神的姿态；同样是演讲，有人含胸驼背，有人挺拔着身姿正视前方，气场立见高下；同样是认识新朋友，有些人忸怩作态，有些人则大方地浅笑握手，留给人的印象完全不同……不同的形体仪态，呈现出来的是不同层次的美。它不是靠装能维持的，因为它往往隐藏在最平常的事物中，在你不经意间就流露出来了，它是一个人最真实的内心状态的呈现。

某一次搭地铁，在我旁边一同等地铁的是一个身材超级好的女孩子，有 167 厘米左右的个头。她穿着一条红色的长裙，化着稍浓的妆，大卷的长发随性地滑落在两侧，戴着耳机正在听音乐，我一下就被她吸引住了，随着她上了同一节车厢，这样的颜值和装扮就属于路上有人搭讪“小姐姐，你好美”的这种。车厢里并没有座位，我们都是站着的。过了一会儿，她似乎有些站不住了，就全然不顾他人，转个身靠在扶杆上，因为腿是着力点，她就将双腿交叉站着，用背部的力量顶住扶杆，然后继续玩她的手机，原本女神的形象瞬间就崩塌了。

而此时另一个在扶手旁站着的小姐姐，虽然个子没有那么高，穿着简单的白色上衣和半身长裙，背的是文艺范儿的帆布包，但是手握扶手站得笔直，同样听着音乐，目光看向前方，显得平和、亲切，颇有几分文艺女神的清新感。

谁是真女神，一个平常的仪态就在我心里有了判断。一个人的仪态里反映出来的是她的风度和素养，即使长得再漂亮，不佳的仪态也能把这印象分给减了。

我们公司有一个长期合作的培训人。每个季度，她来我们公司培训的时候，都会引起大家的惊叹，不仅是因为她过硬的专业能力，更是因为她得体的仪态。

培训前，她会给我们准备一份讲义并微笑着递到我们手中。为我们培训的时候，她始终是温和有礼的，就是请人示范也不会让人觉得难堪。而当他人提到一些较偏或尖锐的问题，她的语气也没有变得不悦或是强势。如果是坐着分享，她永远是坐在座位的三分之一处；如果是站着讲，姿势也是优雅而挺拔的。

原本以为这是工作场合，她需要保持这样的形象，但是每次私下聚会的时候，她的仪态也是一样优雅。因此，我们完全相信这是一个真女神。

美不是一朝一夕的事，一个人不会瞬间变丑，也不会瞬间变美，都有一个渐进的过程。优雅得体的形体仪态就是一种生活习惯，一个人若是养成了这种习惯，他的整体形象也会在这样的修炼中有质的飞跃；一个人若是不在乎这些所谓的细节上的仪态，那在时间的累积里即使是花容月貌也会日益褪色。

你的仙气是你修炼而来的，当芳华不再的时候，你的仪态美能为你保“仙”。

多读书，腹有诗书气自华

“我读过很多书，但后来大部分都忘记了，那阅读的意义是什么呢？”

你是否也曾有过同样的疑问，以为读书能改变自身，于是也曾读了一些书，可是后来的你发现这些书仅停留在了阅读的表面，过一段时间就忘了。当然，也有些东西进入到了脑海里，可你发现那对人生也并无助益。这样耗时耗力，有时还耗钱，而结果是没意义的事，你不知道该不该坚持，也不知道该怎样坚持。

可是，读书真的无意义吗？

古往今来，那些闪耀在历史上的女子有几人不是散发着独有的书香。从蔡文姬到上官婉儿到李清照，再到林徽因、萧红等，都是以才情让世人折服。她们中不乏相貌平平者，可后人关注的都是她们骨子里散发出来的才女气质。

再到当下的社会，在大众都追求快速阅读和快速利益的大趋势之下，复旦大学附属中学的武亦姝却在父母的培养下，从小阅读经典，和传统文化打交道，最终以16岁的年纪战胜了无数选手而站上了央视《诗词大会》的总冠军领奖台。面对高手如云的对手，面对残酷的竞争机制，以及万众瞩目的压力，武亦姝始终保持着一种娴静、一份从容，胜不过喜，败不气馁，这份气度也赢得了大众的敬佩。

长发披肩，出口成章，温婉动人，一时间武亦姝在社会上掀起一阵才女风。人们了解她的过往，才发现这个女孩的诗词储备量已经超过2000首。

《诗词大会》之后，武亦姝没有到处参加节目，而是选择回到最初静心读书的生活，“人生的诗意隐藏在生活的每一个角落里，等待人们去发现，为人们涵养一颗诗心”，她读书不是为了赢得世界的掌声，也不是为了获得一份好的工作，更不是彰显她的才气。读书，给予她的是一份底气，是一种不和人争一时长短的从容。

生活中，那些爱读书的女孩子，她们脸上写着的是从容和对生活的热爱，她们不会因为生活的琐事而将自己弄得面目全非，陷入鸡毛蒜皮的无限循环中。因为在生活以外，她们还有一个属于自我的精神世界可以依托，她们在这个世界中寻找着自我。读书这件事，让她们的世界里不仅有眼前的苟且，还有远方。

对她们而言，读书，并不是为了一时之得，而是在长久的浸润中影响着思想，让心变得宁静。你有没有试过，当结束一天的忙碌之后，你坐在书桌旁，放上轻音乐，打开一本你心仪已久的书，那种全世界只剩下你的宁静是何等享受。你忘了白天的喧嚣，忘了那些怨念，也忘了疲惫……然后，在书的世界里整装待发，重新做一个有追求的、积极向上的自己。你有没有试过，将阅读变成你生活中每天必做的事情，而不是为了读书而读书，为了发朋友圈而读书。如果你这样长久地坚持阅读，你就会有资格来告诉他人，读书不是无意义的。

其实，那些追求读书有意义的人，不过是陷入了一种“功利性”读书。

他们读书不是出于对书的热爱，而是为了考一所好大学或者能立竿见影地获得利益，又或者显示出自己有文化。所以，她们从没有真正静下心，也没有真正投入过时间，甚至认为读书占用了时间，这样自然不会有精神的满足和愉悦。

“读书多了，容颜自然改变。许多时候，以为许多看过的书籍都成过眼烟云，不复记忆，其实它们仍是潜在的。在气质里，在谈吐上，在胸襟的无涯，当然，也能显露在生活和文字中。”

三毛的话也许能给予读书的意义最好的回答。

一个朋友曾发来两个陌生女孩的照片，让我来辨别哪个女孩比较爱读书。她们两个都是名副其实的美女，可我依然一眼选中了爱读书的女孩，她就是给人一种雅静的感觉。如果你身边有一个爱读书的女孩，你会发现，她真的与众不同。

自尊自爱，赢得他人的爱

女人这一生的词典里可以没有美貌，没有财富，没有权力，但最不能少的就是自尊自爱。一个女人即使家财万贯，如果没有自尊自爱的品行，他人也会将她的财富视为敝屣，不会对其刮目相看；而一个女人就算身处陋巷，若她懂得自尊自爱的珍贵，她也会受到他人发自内心的尊重。

财富不能判定一个人的等级，但自尊自爱能让人的品行立见高下。

依依在一个品牌鞋店上班，来往的客人都是有一定经济基础的，她原本以为这样的人都是高素养的，但没想到也遇上了不少“奇葩”。有一个自称是商城 VIP 会员的女子，在试了店里多双鞋之后，不是挑这双鞋款式不对，就是嫌那双鞋压脚，或者就是不好搭衣服。要是鞋拿慢了，她还会挑剔服务员服务不周到。可试了这么多双鞋，也从没听她表达过一丝谢意。

最后服务员实在没有耐心了，就小声说了一句：“要是不满意就去别家店买啊！”这下可把她的怒火激起来了，嚷着让服务员给她道歉，并且扬言要投诉服务员，以后再也不到这家店买鞋了，也不会让身边的朋友来。

她以为这样就赢得了面子，维护住了自尊，但她的格局早已经扫地了。

我们生活中不乏这样的人，仗着自己有钱或者是不知从何而来的优越感，就趾高气扬。在饭店里，对服务员吆三喝四，显摆着自己消费者的地位；在路上，对清洁工极为不屑，从他们身边走过都以一种逃离的姿势；对前来找自己办事的人，他们的姿态就摆得更高了，仿佛对方应该把自己供起来……

有些人为了逞口舌之快，不惜把对方逼入墙角；有些人贪了几分便宜，就以为占了好处；有些人为了获得胜利，想方设法令对方陷入不利境地；有些人取得了胜利的果实，就忘记了曾经助他一臂之力的人……

不知道这样的人，是你，还是你身边的他？

他们并不明白每个人都是平等的，他们更不明白有时赢得了一件事情，却输了人格。这样的人也许永远都体会不到在商城、饭店、街上对着服务员、清洁工和声细语是多么有人格魅力的事，他们也体会不到放弃既得的利益而选择内在的人才有那种从心而发的充实感。

人们关注的并不是他身上有多少的尊荣，而是他给了他人怎样的尊重。物质上的尊荣永远都是肤浅的，只有人格魅力才是永恒的。

真正的自尊自爱，应是资历尚浅，依然有自己的品格。他不会在权力和财富面前低头，甚至卑躬屈膝、唯唯诺诺，用一味讨好来获得所谓的发展。如果这就是你所谓的成功，那在你身边都会是虚情假意的嘴脸，没有人会真心跟在你的身边，和你组成真正的团队，你的发展自然也不会长久。但如果你是凭借着对前辈的尊重，凭借着自己的实力，凭借着那股子韧劲站上了属于你的舞台，所有人都会真心为你鼓掌，你也会吸引真正有实力的人来尊重你、跟随你。

真正的自尊自爱是身处简室、一身素衣也依然坚持做自己。他不会因为身边都是非富即贵的人而自惭形秽，也不会削尖了脑袋想成为那样的人。站在他们身边，他不会有自卑感，他会按照自己的节奏提升自己的实力，享受自己的生活，拥有自己的幸福，而不是活在和他们的攀比中，这样的人一生都会幸福。有一天，他会走出一条属于他的路，让所有的人刮目相看，成为一个内心富足的人。

“楚兰生于深林，不以无人而不芳”，真正自尊自爱的人看得起他人，也看得起自己，他就那样静静地释放着自己的芬芳，仰慕者自来！因为“爱人者，人恒爱之，敬人者，人恒敬之”，自尊的女人定会受到他人的敬重，自爱的女人也会赢得全世界的爱。学会自尊自爱，是一个女人幸福的必修课。

独树一帜，成就不一样的人生

美国著名的心理学家马斯洛有一个在全世界范围内广泛运用的心理学理论，即马斯洛需求层次理论。在这个理论里，人的需要被分为五个层次，分别是生理需求、安全需求、社交需求、尊重需求和自我实现需求，这五个需求依照需求的程度从低排到高。他告诉我们，人的内心是非常需要存在感的，每个人都渴望被看见，渴望实现自我价值。可是，不一定每个人都能成为他人关注的焦点，甚至不一定被看见。有些人总是活在人群的角落中，他们习惯性地被拿来当陪衬，习惯性地被人忽略，甚至被排挤。他们的存在和离开不会激起任何涟漪。

在芸芸众生中，你甘心做那个被边缘化的人吗？寻找到自己的存在感，活出人生的色彩，成就你不一样的人生，这样才不辜负在这人间认真地生活过。

你独树一帜的风格就是你不一样的人生的闪亮名片。因为独树一帜，你会脱离人人从众的平台，在普通中显得不普通；你会拥有个人的特色而被他人看见或模仿，你要不凡到让他人无法忽视你，毕竟，那是你在他人世界里的独家记忆。

当然，独树一帜的风格需要资本，并不是谁想高调宣称我与众不同就可以做自己。而女人最大的资本就是自立、自强。只有当她不用看别人的脸色行事，不必在他人的指示下当木偶，不再依赖于他人的时候，她才能真正决定自己想要的和未来过怎样的生活以及想成为一个怎样的人。

显然，一个只拥有独立的金钱资本的女人拥有的是安全感，而不是独有的风格。只有拥有独立的思想和远见才能看清前方的路，真正掌握自己的人生。为此，不停地丰富自己的生活、充盈自己的心灵、培养自己做判断的能力等都是生活中的必修课，当你成为优秀的自己，你才能真正把另辟的蹊径走出意义。

甜甜是一个很爱画画的女生，但是画画是一个需要经济支撑的爱好。家里没有这个条件支撑她读美术专业，希望她靠着文化课这条路闯出一个好的未来。甜甜不是一个不顾家人感受的人，她将文化课学得特别扎实，但是把所有业余时间都用在了画画这件事上。比起考上一所好大学和找到一份稳定的工作，她更坚信画画会带给她不一样的人生。这样的坚持一直到她读了大学，她一边做兼职，一边给自己报了画画特长班。读大学期间，对一切关于时尚和美的东西，她都特别有兴趣，并且专注于钻研这些东西。她虽然用不起昂贵的东西，但她懂得欣赏。

毕业之后，甜甜放弃了稳定的工作，做了一个设计师。凭借着这些年的画画功底和对时尚的敏感性，胜任工作对她而言并不是难事。如今的她，薪水高，工作自由，走在时尚的前沿，到过世界很多国家，见识过不同层次的人，最重要的是她能把她的设计理念都变成现实，这也是人生一大幸事吧！从社会的角度来理解，她已是一个精英女性。但甜甜认为，她最幸运的是靠坚持和实力改变了既定的轨迹，成全了自己心中的梦想，因为她最不想过的就是朝九晚五的生活。

从出生开始，我们中的大部分人就已经走在了一条既定的路上，这是难以抵抗的社会约定俗成的旧习。有些人就顺着这条轨迹活到老，而有些人也会在这条路上扑腾，真正能走出名堂的就是那些心中始终有方向并且肯为自己要走的路付出实际行动的人。我羡慕甜甜，是因为她没有妥协于生活，她拥有了独属于她的人生。

走出自己的人生，活出自己的风格，即使有一天你独自一人迎接生活的挑战，也不会退缩，不会倒下，你依然能铿锵如玫瑰，奏响你的生活乐章！

从现在开始，就为你独树一帜的风格积累资本，等待你那不一样的人生。当你闪耀的时候，生活一定不会忽视你的光亮，你拥有的将不仅是存在感。

做个内外兼修的女子

这个世上从不缺姿色出众的女子，古往今来，有多少女子被掩埋在历史的沙尘里，找不到痕迹，可是也有那么一些女子被永远地记录在史册里。翻阅中国历史典籍，这些名留青史的出众女子，无不是内外兼修、才貌双全。

西汉才女卓文君以一曲《凤求凰》和一首《白头吟》流传千古；名门闺秀班昭博学多才，助其兄完成了著作《汉书》，成为史学家、文学家、政治家；南朝才女谢道韫的诗“未若柳絮因风起”来咏雪而成为千古绝句……美人不仅在皮，更在骨。内外兼修，才能经得起时间的考验。

所谓内外兼修，就是修内在的文化内涵和外在的言行举止。

前两年我和公司的领导一同参加招聘会，参加竞聘的人中间不乏一些颜值高的年轻女大学生。本来对她们抱有挺高的期待，结果一到自由对话的时候就暴露出来专业水平较低，而才艺更是没几个能拿得出手。当时招了几个专业过硬的人，也招了一个举止得体的高颜值女大学生。没想到，到了公司之后，这个颜值担当在上班的时间不是网购就是刷剧，不是打扮就是和人聊八卦。三个月的实习期下来，其他人都顺利通过公司的业务测试，只有她依然是个“花瓶”，只能被解聘。

这个女孩原来在大学的时候做过几次业余模特，便想着将来以这个为生。在大学的时候她也没正经地学过几天专业课，参加招聘也不过是试试运气，如果不能找个朝九晚五的稳定工作混饭吃，她就会去模特行业试试。可不用想都清楚，人家模特行业也不需要这样不务正业之人。比她颜值高又比她专业的模特不在少数。

人都说德不配位，这女孩倒是德不配颜，反受其害。因为她过于依赖美丽的外表，而忘记了内涵的重要性，成为空壳。

去年，公司举办了一次才艺大赛，大部分人是唱歌和跳舞的业余表演。可琪琪一本正经地弹起了古筝，她的室友乐儿在一旁画国画，这一幕把大伙都看傻了，瞬间秒杀众人，最终两人拿下了最佳才艺展示。而那一幕也成为公司的经典，作为公司的文化宣传在宣传栏内展出，她们俩成了公司的文化代言人。

很显然，两人并不是为了这次才艺展示而做的准备，古筝和国画都需要长期的练习，只是所学刚好有所用。而更显然，她们也不会因为有了这样的名利，就会放大这些兴趣爱好的功利作用。对她们而言，这些才艺的学习过程就是修心的过程。

她们两人住在一起，就是因为相同的兴趣爱好，平日里一人弹古筝，一人画国画，有时会一起练习书法、阅读相同的书籍等。她们没有把这些事情高调地炫耀，而是当作理所当然的生活习惯，才会让我们在看到她们才艺的时候颇为意外。

这两个女子无疑都是智慧的。在如今这个快速文化的时代，大众都把时间用在追剧和刷微博、抖音、朋友圈这些有娱乐感的事情上，像她们这样节省时间来进行自我提升的实在不多见。有了这样的才艺，她们走遍天下都会闪着光；有了这颗宁静的心，她们做什么事都能气定神闲。虽然她们没有带着功利的目的，但是荣誉向来都是实力的附赠品，她们终会有那一份收获的喜悦。

内外兼修的女子就是我们身边低调的宝藏，她们总是默默地修炼着自己，有一天释放出夺目的光。她们从不炫耀自己，却总能吸引他人的目光。她们不害怕时代的改变，也不担心命运把她们带向何方，因为她们有底气！

内外兼修的女子如并蒂莲，是那般娇艳！

第六章

与时光漫步的灵魂

无论世界怎样，优雅的灵魂始终不紧不慢，漫步于人生路。不错过两边的风景，不委屈自己的内心，做那个最适合的自己、最满意的自己，让灵魂沾满香气，无时无刻不散发美。

美妙的缘分，始于好的气质

“始于颜值，陷于才华，忠于人品”，颜值是最近几年非常流行的词，一个高颜值的人的确能给人一种舒服感，一个人也会因为颜值而迷上另一个人，毕竟爱美之心人皆有之，但让一个人沉沦的，一定是另一个人的内在气质。

青春年少的时候曾看过一部堪称民国经典的著作《金粉世家》。男主人公金燕西是京城有名的公子哥儿，风流倜傥，他的父亲手握重权，家财万贯。金燕西从小见过各种大场面，接触过无数名流，却与平民之女步入婚姻。

金燕西初次遇见冷清秋是在一条小胡同里，穿着素雅学生装的冷清秋梳着两条长长的麻花辫，一下吸引了他的注意。

在幽静的夜色之下，手中抱着一叠纸的她显得那样清瘦而孤傲，金燕西看到了其他女人身上不曾具有的美。当冷清秋走到金燕西身边的时候，那种清冷的气质瞬间戳中了他的心，这是他们的初次相遇。

在后来的追求中，金燕西越发觉得这个女子如诗如画，她在这尘世里如一株绽放的百合，安静地散发着属于她的清香。她有生活的追求，有独立自强的能力，她不轻易为物质所动，更不会去讨好和迎合别人，于是，金燕西沉沦了。

他为了她用横幅告白，为了她让院子里一夜开满了百合花，为了她寻找到了一片向日葵花海……只是为了让她爱上他。

这个贫家女子俘获金燕西的正是她那独一无二的气质。

百度的董事长兼首席执行官李彦宏和妻子马东敏的缘分也是一段佳话。年轻的时候在美国做高级研究员的李彦宏在留学生的聚会上和马东敏相遇。那是一个精英荟萃的场合，马东敏大方得体的形象和言语间透出来的人格魅力让李彦宏瞬间心动，随后他对马东敏展开了追求。

那时候的李彦宏不过是一个默默无闻的打工族，而马东敏凭着天才之资正在攻读博士学位，可马东敏并没有反感这个没房没车没存款的小伙子，两人很快确定了恋爱关系并步入了婚姻的殿堂。

他们结婚的时候，只有一位法官作为证婚人，没有亲朋好友，没有教堂仪式。可这些，马东敏都不在乎，她在乎的是她眼前的这个人。

婚后，马东敏积极地支持李彦宏创业并参与到了他创业的每一个环节。在李彦宏每一次跌倒的时候，是她帮助他渡过一个又一个难关。她虽然从没有出现在台前，却和他如影随形。如今的李彦宏功成名就、魅力无限，但在他心中，马东敏始终占据着最重要的位置。他曾说：“百度精神里最重要的是勇气，而我的妻子马东敏博士，则是这勇气的来源。”他们由此成为科技圈里的一对模范夫妻。

于千万人中，一个人和另一个人的美妙缘分一定是因为两人相互吸引的某种气质。拥有特有的气质，才会让你在众人中脱颖而出，让他的眼里和心里只能看到你。

气质不等于颜值。颜值是一种外在的呈现，它能为你吸引不少的追求者，但也会让你在和他人相处的过程中渐渐失去吸引力，因为你的内心空空如也。但气质是清香，它是你内在素养的呈现，它会吸引着他人一步一步地来了解你，越了解越迷恋，这种香久久不会散去，并会留在他人的身上。

若是你一直没有等来你的缘分，你也许应反观自己是否拥有独有的气质。如果没有，从当下开始修炼也未尝不可。

有了属于你的气质，你也会拥有一份细水长流的浪漫爱情；即使没有一见钟情的运气，这份气质也会让人对你日久生情，你们会在时间的洪流里唱出一曲天长地久的歌。

三分长相七分态

林语堂先生曾对女性的美有过这样的定义——女人的美不是在脸孔上，是在姿态上。女人的魅力三分在长相，七分在姿态，这个姿态就是她骨子里所散发出来的气质。

我曾在复旦女神陈果的身上看到过这样的姿态。

陈果是复旦大学哲学系的博士。从相貌来看，她不是精致的美女，但高挑的身材和独有的气质让她拥有强大的气场，即使在人群中也令人眼前一亮。近几年，她的思想和举手投足之间的魅力更让她成为了大众女神，人们亲切地称她为“思修女神”“灵魂导师”“神仙姐姐”。

她说“真正的正能量是，你活成了光源”；她说“热爱自己的人，一定会热爱生活”；她说“人只有自知无知，才能永远求知”；她说“两个人的孤独，其实比一个人的寂寞更悲哀”；她说“只有成熟，才能对抗衰老”……

她是这样说的，也是这样做的。她喜欢哲学，也喜欢诗歌和画画，对生命科学也有浓厚的兴趣，有时会花上一天的时间来观察一朵花的绽放和一只毫不起眼的昆虫；她近四十岁却未婚，没有爱不能活的她一直在和生活谈恋爱；在讲台上自如地讲着课的她，习惯性地将手插在口袋里，有着一种“陈果式”的洒脱。

查看陈果的履历，不难发现这个女人的自信基于她强大的文化背景。从本科到硕士研究生到博士研究生，读书期间，她连续五年获得复旦大学的奖学金，曾在哈佛大学学过神学，也到过欧洲和加拿大做访问学者，博览群书对她而言就是生活的常态。“以我观书，以书观我”就是她和书本之间最自然和真实的关系。

这样的女子是吸引人的，她的自信、潇洒、智慧、通透、幽默通通都变成了身体里的一部分，所有的美丽都是自然随性的流露。无论时间怎么逝去，她的美丽都不会褪色，反而会被时光雕刻出色彩。

如此女神般的人物离我们的生活未必有一定的距离，其实我们身边也不乏这样有姿态的女人，只是她们呈现的形式不一样而已。作为职场女性，在某些特殊的场合，在个人形象方面做最好的准备，这是一种姿态；越是不顺遂的时候，越是以得体的姿态来应战，这是一种姿态；即使家底丰厚，依然低调地和人相处，这是一种姿态……这些姿态都让人的气质瞬间得到提升。

闺蜜在离婚之后那段灰色的日子里，每天都会把自己收拾得很精致，以积极的态度对待工作，丝毫没有让私人情感影响到工作。闲下来的时间，她会到健身房里报到，和电影“约个会”，把日子过得很充实。

我没有见过她在谁的面前哭诉过婚姻的不幸，或者把她前夫贬得一无是处，她还会以过来人的身份和别人谈论那些婚姻里曾有过的幸福的时光。

对闺蜜而言，她的姿态就是一种打不败的状态。无论正在经历什么，仍对过往有一份尊重，对当下有一种努力，对未来怀有一份希望，不自怨，不怨他。比起以楚楚可怜换来安慰和同情，她的这种姿态显示出了内心的强大和高贵。

女人这一生终究活的就是一种姿态。消极的姿态会让一个女人暗淡无光，没有人愿意向这样的人靠拢，而积极的姿态会让一个女人浑身都有一种力量，它会改变事情的发展轨迹，搭建起她和这个世界温柔交流的桥梁。

高贵的人生，当有美丽的姿态，这样的生活才会有滋有味，散发出醇香！

来自灵魂的香气，如兰之芬芳

你有多久没有停下来聆听内心的声音，你有多久没有关注过自己的灵魂里是否已“杂草丛生”，你有多久没有真实地做自己了？在这停不下脚步的世界里，你忙工作，忙应酬，忙娱乐，却依然会在深夜来临的时候感觉到一种席卷而来的寂寞。你拥有钱、权、名，你拥有爱情，你拥有足够分量的存在感，却唯独少了一个真正属于自己的灵魂，更别提这灵魂附有的香气了。

1845 年，梭罗舍弃为了物质而日夜奔忙的生活，孑然一身来到了没有人居住的瓦尔登湖畔，开始了与大自然相处的独居生活。在这里，他生活了两年零两个月，自筑居所，日出而作，日落而息。没有锦衣玉食的生活，没有呼朋唤友的喧闹，也没有纵情娱乐场所的欢愉，他和书本相处，和鸟兽虫鱼对话，看遍这四季的点滴变化，生活简单得就如同这湖中的水。他不再需要为利益而计较，不再为名利而奔忙，不再强颜欢笑，不再做违心之举，不再关心世俗的生活。

他只需要在瓦尔登湖旁静静地思考，他只需按照生活本来的面貌生活，他终于找回了在物质世界迷失的灵魂，他的心越发安定和平和。

他并没有过着世俗意义上成功的生活，可他自由的灵魂足以让世人羡慕。没有人规定自由的生活非要按照梭罗这样，可我们都需要在当下的生活里找到自己的本心，去抵抗那些没有意义的纷争，去舍弃那些无谓的追求。

活得越物质化，你的日子过得越俗气，偶尔我们也需要洗涤一下灵魂。

余秀华是我非常欣赏的一个女诗人，她有高贵的灵魂，因而摆脱了命运对她的捉弄而活出了芬芳的姿态。

余秀华出生在湖北省荆门市钟祥市石牌镇横店村，出生时她因缺氧造成脑瘫导致说话和行动极为不便，到 6 岁才勉强学会走路，后来也是走得摇摇晃晃。读完高中以后，她就辍学在家，在母亲的安排下，嫁给了比她大 12 岁的尹世平。婚后，两人的关系并不和谐。余秀华把她的思想寄托在文字里，以写诗来对抗生活。她说她的生命并不是用来传宗接代的，尤其不应困在该死的婚姻里，没有理想的人没有意义；她说她需要的是公平，而不是同情；她说农村的教育水平可能比不上城市，但是一个人取得的成就和受教育的程度并没有绝对的关系。

不肯妥协于命运的她，与生活对抗的她，以自己的文字和思想获得了湖北文学家、农民文学奖、中国作家榜年度作者等荣誉和奖项。“用最摇晃的步伐写出最坚定的诗句，这些诗句像阳光透过了水晶，折射出她的灵魂和光芒，她不惧怕命运的不公带给她的伤害，选择在诗歌里释放自己”，这是董卿给予她的评价。

如今的她走出了婚姻，走出了那个村，走向了更远的世界。身体上虽然有残疾，灵魂却有着超越一般人的香气，她活出了属于她的生命色彩。

生活中，我们花了很多的时间来保养我们的面容，来保持我们的身材，因为我们想看起来让人觉得美好，可我们却忘了我们的灵魂更需要滋养和熏陶。一个灵魂有香气的女子才会是高贵而圣洁的，才会抵抗住生活的侵蚀。

守住自己的心，安放好自由的灵魂，为自己的心灵修剪杂草，我们才能拥有一座精美的花园，给自己以及路过的人送去一缕清香。

化繁为简，专注于自身

“断舍离”是日本的山下英子在2009年提出的一个概念。所谓的断就是不买和不收取不需要的东西，舍就是处理那些搁置不用的东西，离则是让自己处于舒适、自由自在的空间，而不迷失在物质里。这个概念一经推出，便得到了大众的热捧。“断舍离”无非在向我们传达一种把生活化繁为简，用更多的时间来关注自身的理念。

人的时间和精力都是有限的，若是在每一个地方都平均使力，必定难以找到属于自己的出路。只有从复杂的生活中抽丝剥茧，才能找到发展的主脉络。

阿亮是我们这堆朋友里文字功底最强的，已经有了一个属于她的小粉丝团。在一次小型的分享会上，她谈起了自己的心路变化过程。最开始写作的时候，她把写过的东西发到诸如空间和朋友圈之类的社交平台，如果没有多少人点赞或评论，她就会以为是自己的东西写得不好而把它删掉。过了一段时间，她又开始担心这样经常性地发文字会不会让周围的人觉得自己很“作”，或故意装成文化人，渐渐就发得少了。到后来，她怀疑这些东西对她的未来没有助益的时候，就产生了放弃的念头。可一看到别人发类似的东西，她又认为不继续写作是一种浪费。

这样反反复复一段时间之后，她认识了一个写作圈的人。这个人告诉阿亮，她曾经和阿亮也有同样的想法，因为写作确实是一件很难坚持的事。但她经常会反问自己：我写东西是为了什么？我是否在这个过程中找到了快乐？我能否坚持一段时间来证明自己合不合适？就是在这样追问的过程中，她逐步认清了她写作的意义。阿亮试着放下所有的杂念，用一段时间专注于写作本身。慢慢地，她发现那些曾经看起来矫情的文字成为了生活最真实的记录，只要一回看，就能回忆起当初的感动。因为关注于写作本身，而不是他人的看法，阿亮有了更多的阅读和写作的时间，写作的水平在无形中提升了，关注她的人也越来越多了，阿亮的平台也越来越大。如今，写作已经成为她日常生活的一部分，让她的生活无比充实。

阿亮这才发现，真正热爱一样东西就应专注于过程本身，而不是囿于外在的声音，更不应急于一时的回报。当我们发现了事物的内在意义和价值之后，我们就会获得内在的驱动力，才能在享受过程中感受事物的美好，最终在无形中获得提升，拥有长久的真正有幸福感的发展。

其实，生活中的我们都像这样喜欢把事情复杂化。做某件事的时候，首先想到的往往是这个事对我有怎样的好处，做或不做其他人怎么看我，结果因为这个或那个原因而分散了对事情本身的精力。

像每次我想学习某个东西的时候，老担心他人会以看菜鸟的眼光来看我，觉得丢人而放不开手脚，后来很多东西就不愿意尝试。要是在学习之初能少一些复杂的想法，多一些专注于自身的行动力，现在我拥有的本领应该会让我更闪光，而我的生活会在单调之上抹上一些亮色。

有时不是事情复杂，而是我们把事情弄复杂了；不是事情没有让我们成长，而是我们复杂的想法阻碍了我们成长的脚步。

“自我消耗”是心理学上的一个概念，指的是人每做一个选择，就会损耗一点心理能量；每消耗一点心理能量，执行功能就会相应下降。若是我们把时间用于各种思虑和瞻前顾后上，我们的心理能量就已耗费过半了。

就好比阅读本身是一件美好的事，可是你的手机上订阅了几个购书的 App，然后你就把时间花在比较哪个 App 更划算中，最终占用了阅读的时间。考虑太多因素反而影响了最关键的部分，其实，简单一点，效率就提高了。

“外在形式越简单的东西，智慧含量越高，因为它已经不再依赖形式了，必须依靠智慧”，抛弃一些形式的东西，寻找到事物的本质所在，然后全力地投入时间和精力，你会发现这样的方式既轻松又有效。

自然而坦荡，通透而纯粹

人世间最难得的是通透，因为我们有太多放不下的人和事。从小我们就被教育要读好的大学才能有好的工作，有好的工作才能有幸福的人生；要处理好人际关系，不能得罪他人，尤其是要得到领导的赏识；要嫁一个有前途的男人，不然一生都会吃苦……为了获得世人眼里的成功和幸福，我们活得小心翼翼，活得斤斤计较，不想让自己吃亏，又要顾全他人的面子；想拥有幸福，又不愿付出。明明被现实束缚住了，却又不敢挣脱；迫切想要的东西，却也不敢放手一搏。

通透的人其实没有这样复杂的想法，他们只跟随自己的内心做最自然的决定，看淡一切荣辱得失和顺境逆境，回归到内心的平静。

前段时间，蓉儿和她谈了十多年的男朋友分手了，他们可是班里唯一的班对儿，大伙都等着喝他们的喜酒呢。消息一出，大伙都惊呆了，纷纷替蓉儿感到不值，毕竟将整个青春都交付给了这个人，怎么能说散就散呢？后来，也不知谁从哪里打听出分手的原因是男方的家里想给他找一个有稳定工作、能对男方的事业有帮助的女孩，这下真是“群情”激愤。可蓉儿没有吵也没有闹，她提前休了年假，一个人跑到古镇去住了一段时间。

回来之后，她的生活一切依旧。我们没有看到她颓废的样子，也没有看她深夜在朋友圈里矫情。她说，她已经整理好了自己，也整理好了过往的岁月。感情里没有谁对谁错，他们真心相爱过，给予彼此的都是自己的最好年华，没有遗憾，既然放手是最佳的方式，那就勇敢地接受，然后彼此向着更好的未来努力。

或许是对过往的留恋，或许是新的感情不是男方想要的，分开后一年的时间里，男方总是以不同的方式进入蓉儿的生活，他想告诉她，他放不下她，也希望她依然牵挂他。可是，他的每一次出现都被蓉儿拒于千里之外。蓉儿心里很清楚，这样对三个人来说都不公平。当断则断！这是她给予他最后也是最坚定的承诺。

逝者已逝，来者可追，不沉溺于过去，不惧怕未来，蓉儿是一个通透的女子。舆论都站在了蓉儿这一边，蓉儿完全可以借此大闹一番，令对方难堪，或是凭借十几年的感情把对方追回来，可是她选择了彻底放手。因为她明白，反复纠缠会让彼此都陷入无休止的烦恼中，靠怜悯赢回来的感情已经失去了它原本的味道。既然这样，何不成全彼此的幸福呢?

真正通透的人都会在“诱惑”面前保持清醒的头脑，不会让盲目和感性将事情越弄越糟。过去的事情就是过去了，错过了就是错过了，改变那些可以改变的，接受那些不能改变的，把苦看淡一点，把路看远一点，把心放大一点，你的通透就是你另一段幸福的开始。心有不甘，是因为你还没有真正看透，仍被困在狭小的角落里。做一个通透的女子，才不会在生活里迷失方向，才能拥有主动权。

同样，做一个通透的女子，不囿于世俗的眼光，才能真正活出自己的姿态。从小到大，我们都是被教育应该怎么做事，却从来都不知道怎么做自己，难道结婚生子或者事业有成才是生活的正确“打开方式”吗?不，那些活得精彩的女子会选择自己喜欢的方式过一生，她们不会把生活目标定在向他人证明自己优秀和幸福之上，因为她们就是“幸福本身”。重回自我，做一个讨自己喜欢的女子；和自我和解，做一个接受自己一切的女子，你的生活才是真正澄澈的!

活出自我，才能拥有幸福

幸福的姿态有千万种，得到幸福的方式也不尽相同，而我却钟情于以追求气质的方式抵达幸福的彼岸，因为它更接近于幸福本身。

园园是一个在工作上极其拼命、在生活中极度自立自强的人。她身边的人却常会劝她放低对自己的要求，认为女人太优秀了反而过得不幸福，不如找一个对自己好的男人结婚生孩子，享受被人宠着的生活。她们还会向她举各种例子，诸如谁找了一个怎么样的老公如今生活多么无忧，谁拼来拼去到头来生活一塌糊涂。我承认，女人或许会因为爱情或婚姻而幸福，但这不是幸福的真谛。真正的幸福不是依赖，是自我心理的充实和满足。

张幼仪是徐志摩的结发妻子。家世显赫的她是名门闺秀，自看到徐志摩的照片之后便对他心仪，并在父母之命，媒妁之言下和徐志摩结为夫妻，从此以后在徐家孝顺公婆，服侍丈夫。这样三从四德的传统女子，在受过新思想教育的徐志摩看来就是一个“土包子”。张幼仪越是顺从，徐志摩越对其不在意，因为她没有自我。

在这场婚姻里，张幼仪不仅没有得到丈夫的疼爱，而且在怀孕之后还被丈夫无情地要求堕胎，直到丈夫爱上别人要和她结束这场婚姻。自始至终，她都生活在地狱般的痛苦中。

张幼仪就这样被动地成为近代中国离婚的第一人，成了笑柄，也成了被同情的对象。如果前半生是场噩梦，她在后半生凭着自立自强而涅槃，成为无数女性想成为的人，也成了男士们倾慕的对象。

婚姻中的张幼仪如履薄冰，维系着那段并不幸福的婚姻，最终被命运推到悬崖之后，她已无忧无惧。离婚之后的她开始追求属于自己的人生，她先是在德国学习德语，并顺利完成幼儿教育专业的学习，而后回国办起了云裳服装公司，让这家公司成为首屈一指的女性服装店，其服装被社会名流争相购买。此后，她被上海女子商业银行邀请出任总裁，将一个亏损极大的银行扭亏为盈，创造了金融界的奇迹。此时的张幼仪已朝着精英女性发展，睿智、自强，受无数人尊重。

而另一方面，张幼仪也迎来了她新的感情生活。这次是一个懂她、体贴她，并陪伴她 28 年的男人，他们一同游历欧洲，一同享受生活中的点点滴滴，直到生命的尽头。即使他先离开了她，但对她而言，也曾经有过幸福的陪伴。

晚年的时候，张幼仪随儿子居住在纽约，并平静地度过了生命的最后时光。

回忆和徐志摩的那段感情，张幼仪已经云淡风轻，“我要为离婚感谢徐志摩，若不是离婚，我可能永远都没有办法找到我自己，也没有办法成长”。

若是没有离婚的成全，张幼仪也成全不了自己。曾经希望稳定生活的她将希望寄托在婚姻里，却被命运狠狠地捉弄了。而当她活出了自我并拥有强大的灵魂之后，一切都对了，不仅名利双收，而且儿孙绕膝。一个女子只有活出了真正的自我，她才会过得更幸福，否则不过是他人的附属品，仰人鼻息。

在徐志摩遇难之后，张幼仪主动照顾起他的双亲，并接济了他后来的妻子陆小曼。一个女人真正幸福了便能原谅所有的过往，因此她又会愈加幸福。这样的女人活出了高境界，难怪一代文坛大将梁实秋会给予她这样高的评价：“凡是认识她的人没有不敬重她的，没有不祝福她的。”

善良、大度、独立、睿智，这般受人尊敬和祝福的女人，又怎么会不幸福呢？

你的气质里是从容和对世间万物的包容，你在生活的历练中就会越来越拥有内在的幸福感；若是你依然有对生活的怨恨和对命运不公的感叹，那说明你还没有经得起时间和世事考验的能力，你的生活和幸福之间还隔着一段距离。所以，请你不要把自我的幸福寄托在他人身上，也不要去奉劝一个自立自强的女人放弃她的人生态度，她才是能寻找到自我，能看到更远的风景，能拥有更稳定的幸福的人。

追寻想要的爱情

爱情，是一个永恒的话题。它拨弄人的心弦，让人沉醉，让人心碎，让人无法自拔。每个人都有属于自己的爱情，这份爱或许给你带来了新的希望，或许把你推向深渊。遇到一份甜蜜的爱情，是我们的幸运；遇到一份糟糕的爱情也不必自怨自艾，毕竟我们都在爱里成长了。

有些人的爱情超越了生死，就像三毛和荷西那般。三毛大荷西六岁，荷西读高中，三毛读大学，荷西便让三毛等他六年；大学毕业后，向往自由的三毛想去沙漠流浪，荷西默默辞去了安稳的工作，在沙漠准备好一切等着三毛到来；结婚那天，荷西送了三毛一只骆驼头骨当礼物，这是他走遍这个沙漠找到的唯一完整的骆驼头骨，只因他明白三毛有多喜欢；他们在沙漠的家破旧、简陋，但陪着三毛的荷西甘之如饴；在经历战乱之时，荷西让三毛先行离开，而他把三毛眼里的宝贝——化石、头骨、书本等都运到了三毛的身边。只要是三毛想做的，荷西都会陪在她身边；只要是三毛想要的，荷西会不遗余力地为她实现，他只愿三毛那自由的灵魂能快乐！

在所有的追求者中，荷西不是最好的选择，可只有他愿意成全三毛的流浪，在时光的流逝中这样的陪伴对三毛而言早已刻骨铭心。荷西因潜水工作意外离世之后，三毛写下了“埋下去的，是你，也是我。走了的，是我们”，也写下了那一曲让无数人落泪的《今世》——“同一条手帕，擦你的血，拭我的泪，要这样跟你血泪相融”。从此以后，三毛的灵魂再无处安放。12 年之后，她用一条丝袜结束了自己的生命，去追寻她的爱情，也去找回她的灵魂。

有些人的爱情细水长流，如杨绛和钱钟书这般。杨绛和钱钟书相遇在清华，才子和佳人一见倾心。他向她澄清坊间关于他已经订婚的传言，她也向他解释外界关于她的追求者有“七十二人”之多的谣言。因为心动，所以在意。

钱钟书要到牛津读书，杨绛便追随他而去，在异国他乡，他为她洗手做羹汤，用爱心早餐唤醒着她的每一个清晨。他们的日常以读书打趣，以写信添情，互相鼓励，共同进步。婚后的他们有了女儿的陪伴，日子平平淡淡，但温情无限。“琴瑟和弦，鸾凤和鸣”就是他们生活的真实写照。

“我见到她之前，从未想到要结婚；我娶了她几十年，从未后悔娶她，也从未想过要娶别的女人”，他们就这样从校园到婚姻，相扶相携到老。

惊天地、震山河也好，细水长流也罢，爱情完整了人的生命，让人有了心灵依靠，所以，人们永远都在追求爱情。你追求的爱情是怎样的呢？是找一个差不多的人将就着过一生，还是于千万人中寻得唯一灵魂契合之伴侣？你的选择才是唯一的答案。遇见爱，勇敢爱；失去爱，不沉沦；在爱里可守、可攻、可退。

并不是每一个人都能遇到完美的爱情，这世间会有爱而不得之苦。有人认为只要全力付出过就对得起青春，可一厢情愿就得愿赌服输，你愿意做这个崇高的付出者吗？如果你的爱情是一味迁就和百般讨好，这样的爱未免过于卑微，卑微到尘埃里的爱情是否真适合你呢？世间很多的事都能用努力获得，唯独爱情是一件努力也不一定能拥有的事。如果你真爱一个人，你可以朝着他主动迈出你的步伐；如果没有听到回应，我想你改变目标或许会有新的幸福。你不曾放弃努力，你也不曾辜负自己。

最好的爱情是彼此相知相惜，你懂得他的好，他念着你的好。

沈从文曾这样描述他的爱情，“我行过许多地方的桥，看过许多次数的云，喝过许多种类的酒，却只爱过一个正当最好年龄的人”，一切刚刚好！愿你在对的时间遇上对的人，或者迟一点也没关系，只要那个人是你想要的！

那些超越美貌的存在

“你可以光凭外表来评论一朵花或一只蝴蝶美丑与否，但你不能这样来评论一个人”，这是大文豪泰戈尔对人性的美的看法。人的美怎能以外表来定义呢？那些气质上的和心灵上的美才是永恒的存在，不会在时间里被抹平。

大学的时候，铃铛是学校的风云人物。当其他人沉浸在大学自由的生活里时，她已经进入了拼搏不息的状态。专业是汉语言文学的她将现当代文学作品和古代文学作品都进行了大量研究，还勤习钢琴、吉他、书法、绘画等才艺。别人都不理解她放着大学这么好的时光不享受，这样拼是为了什么。有人认为她是想读博或者为了将来能谋得一份好工作。不管是什么想法，没有几个人自认能做到她这份儿上。铃铛才不管他人想什么，她只认心中的目标。

大学毕业之后，很多人都如愿找到了心仪的工作。大家都将关注点落在了铃铛身上，想着她在市里考一个稳定的公务员是绝对没问题的。没想到，铃铛没有参加任何城里的考试，直接去了山区支教，这一去就是三年。

我们看着她在朋友圈分享的点滴，看到她和孩子们的幸福生活。她用吉他和孩子们一起吟唱古诗词；她带着孩子画出乡村的四季；她和他们一同写童年，写出了一本本小册子；他们一起阅读，一起分享……我们终于明白，她为何将自己修得那样多才多艺，是因为她想将最好的自己带到山区，给孩子们送去更多的“礼物”。照片上的她没有任何修饰，可她美得那么自然，让人心动。

闲暇的时候，铃铛和孩子们在大山里探险，欣赏天然的美，拍下一些珍贵的照片，从山里采回来一些野菜自制美食。她乐在其中，自由洒脱。

看着大伙在朋友圈里对她的赞美，我在想，这样的灵魂，有谁能相配呢？

在美女如云的现代生活里，她美出了新高度，不和人争长短，不与世争名利，不与群芳斗艳丽，就那么活出了她独有的价值。只要看看她，人的心就静了下来；再读读她的文字，这生活里的俗事就都消散了。一瞬间，她让我觉得这人世间的多数女子似乎都成了庸脂俗粉。

我想到了林清玄笔下的那株山间百合。它静静地生长在僻静遥远的山谷中，不管野草、蜂蝶、鸟雀怎么嘲笑它那开花的梦，它只管全力地吸收阳光雨露，把根深深地扎进地下。因为它相信，总有一天它会绽放出美丽的花朵。在这样的信念下，终于有一天，百合花迎来了它的春天。它是纯白的，在悬崖边盛放的它成为了一道绝美的风景。可在荒郊野外，这样的盛放终是无人欣赏。

但百合没有放弃，就这样一年又一年。风听到了它的心声，将百合的种子吹向了山谷。于是，这山间开满了百合。人们被这奇景吸引来了，留下了他们赏花的足迹和对山谷百合的赞美。

可不管人们怎么欣赏，百合仍是全心全意地开着花，因为那是它存在的方式。它不在意无人欣赏，也不沉迷于他人的赞美，它只是想以绽放的姿态存在于这世间，以它独有的美惊艳时光，这样的美才能超越时空，到达永恒。

我不与这世争，这世自有我的美。这美存在于世俗之间，又超脱于世俗之外。在这瞬息万变的时代里，那些超越美貌的女子以不变应万变，没有匆忙，没有慌乱，没有不甘，没有自惭形秽，她们只是静静地绽放。她们不需要踩着别人的肩膀来展示自己，也无须用他人的平台来为自己唱赞歌，年年岁岁，岁岁年年，清香自溢。

没有人不爱这样的百合，没有人不爱这百合般的女子！

修身修心，修出独立的姿态

人生是一场修行，有人修身，有人修心，真正拥有大智慧和大格局的人则是身心兼修，因为身和心本就不可分离。“修身者，必先修心，心至，则无往而不利”，修身的最终归属是修心，修心到达最高境界之后，修身也就水到渠成。

大学的时候，我最喜欢看的电视剧就是《恰同学少年》，那时觉得这部剧的三观很正，给了我非常多的正能量。在师范教育里，有一门课程是修身课。在第一堂课上，老师杨昌济就和全体同学探讨了何谓修身，怎样修身。

“一个人的作为大小，本源于志向的高低，无志者，天才可归于庸碌，有志者，垄亩亦可飞鸿鹄，修身应以立志为本。

“以舍我其谁之大气魄、大担当，肩此重任以待来日，则他日改天换地，为我中华开数千年之新篇的旷古英豪。”

…………

当时听着这些慷慨激昂的台词，我心底的热血彻底沸腾了。“修身，齐家，治国，平天下”，从修身开始，一个又一个的理想实现了。

如今，时代不同了，但修身和修心的本质并没有变，即身正、心正。纷繁复杂的社会环境中有诸多的诱惑，稍有不慎就会落入世俗的旋涡而无退路可寻。这不慎也许是因欲壑难填，也许是心有不甘，也许是一朝踏错。

若是能修得“闲看庭前花开花落，漫随天外云卷云舒”的心态，倒也是一种境界。

大学的时候，桐桐对花卉行业特别有兴趣，就报名做了一个花店的学徒。毕业之后，她到了花店做了一名普通的员工，自然免不了受家里人的数落。家里人认为一个大学毕业生应有体面的工作，他们希望孩子能有名利双收的工作。

桐桐并不辩驳，埋着头把花店的生意打理得非常细致。花店里都是她喜欢的花品，她像呵护小孩般照料着它们。她喜欢看一朵花开放的过程，也喜欢亲手修剪枝叶时的那份安宁。花似乎每天都能给她不一样的惊喜，和它们在一起的时候，桐桐能忘记时间，抛开烦恼。她把花店打造成“世外桃源”，让来往疲惫的人都能在这里有片刻的放松。几年的经营之后，花店有了很多老顾客，也有了插花、园艺、手工等多种业务，桐桐开了自己的第一家花店。

过年聚会的时候，桐桐满是幸福的脸和同龄人那憔悴的脸有明显的对比。听着同龄人抱怨着工作的劳累和人际关系的复杂，桐桐的内心十分平静。是的，她没有朋友们那么高的薪酬，也没有那样“高大上”的工作，可她在每天经营花店的过程中有无限的满足感，她所做的事情既悦己又悦人。

时代的发展虽然让人的物质生活越来越好，但却让人的心在快速发展的潮流中变得越来越急躁，越来越功利。你是否也曾被生活的压力压到喘不过气来？你是否也会担心落后而不敢停下奔忙的脚步？你是否看到他人的成就而心生争斗之心？你是否也曾埋怨过命运的不公？……在世俗红尘中，人难以免俗，纷争在所难免。于是，我们在追求名利的路上丢失了纯真，也丢掉了那些珍贵的情感；我们在日夜的奔忙中牺牲了健康，深受疾病之扰，然后，我们追悔，我们懊恼，可有些事情已经晚了。

人的贪念是无止境的，但也是能被抑制的。每个人都需要修心和修身，通过控制自己的言行来平抚争斗心、嫉妒心、攀比心。能在心中“修篱种菊”的人才拥有生活的真正境界。不依附，不逢迎，不自卑，不盲目，就这样守住内心的“一亩三分地”，在俗世中如莲般绽放，清香四溢。

人生如茶，茶叶最初的时候会浮在表面，而后沉到杯底，香味才越发浓郁。当一个女人把心修好的时候，她就会在岁月中历久弥香。

时光不老，气质日趋完美

“若有气质藏于心，岁月从不负美人”，对于一个有气质的女子而言，她能在时光里美出不同的姿态：二十岁的青春，三十岁的轻熟，四十岁的成熟，五十岁的智慧，六十岁的气度，七十岁的从容。

人若有气质，何惧时光催人老，风采永久，魅力长存。

星星开了一家私人摄影所，前来拍照的女人什么年龄都有。那天来的是一个看似四十岁出头的女人，穿着淡绿色的旗袍，披着一头乌黑的长发。我们一伙人都被她吸引过去了。

她拍摄的是一套旗袍写真，轻点绛唇，挽着发髻，再手握一个手工包，就像是画里走出的女子。星星说，有这样的顾客她就是天天加班也愿意，简直就是美的享受。

后来熟络了，才知道她竟然五十多岁了，女儿已经结婚成家，她每年都会给自己拍一套写真留作纪念。我们都很好奇她这气质是怎么培养出来的，五十多岁在我的印象中应是不修边幅的形象，可她就像是典型的江南美人，“巧笑倩兮，美目盼兮”，一颦一笑撩动人的心弦，尤其是油纸伞之下那仿佛犹抱琵琶半遮面的神态。

她和我们分享了她的一些日常。即使是到了快当姥姥的年纪，她也从没松懈，在她心中，女子无论到什么年龄，都要有自己的韵致。

因此，她对自己的饮食和作息都有严格的控制，做瑜伽和阅读、旅行是生活的常态。她喜欢一切雅致的东西，尤其是带有中国特色的，比如琵琶、古筝、茶道等。对她来说，她从不担心被社会遗忘，拥有独立的空间和独特的生活是最重要的事，她喜欢在独处中把日子打理好。

原来，时光可以带走女子的美丽，也能把另一种韵致的美带给女子。星星说，她忽然好想成为这个年龄的女子啊，美得太有味道了。可我们都笑称，就算她到了那个年龄也不一定有这种美，这种美是学不来的。

这种美是在时光中的修炼，它在于一朝一夕的自我提升，它需要抵抗住外在的诱惑以及内心的欲望，它是一种习惯，是一种追求，它根植在一个人灵魂的深处。

一包辣条的诱惑力都抵抗不了，不停地追剧和刷朋友圈，闹钟响了无数遍也起不了床，学习一样新的东西嫌时间太长，房间一个星期也难得整理一次，没有评优就对工作没有动力，因为几十块钱和人吵得不可开交，书柜里的书都有几层灰尘，一年到头也没接触过外面的世界……这样的生活状态怎么修炼成时光中的不老美人呢？这些都是朝向堕落的生活方式。这样的日子就是在琐碎中轮回，日复一日，除了年龄、皱纹、体重的增长，什么也改变不了。

活过与真正活过，你是否思考过这两者之间的区别？

马丁·路德·金二世曾言："最悲惨的事并非夭折早逝，而是我活到75岁，却从未真正活过。"对一个女人而言，最悲惨的事情不是时光远去、青春不再，也不是没有活到天长地久，而是把她最好的年华丢在了时光里。

其实，每个人都处在各自孤独的旅程里。修炼好你的气质，才能让你在时光中不老。